能耐

成事的简单法则

陆　强◎著

ABILITY

北方文艺出版社

图书在版编目（CIP）数据

能耐：成事的简单法则 / 陆强著 . -- 哈尔滨：北方文艺出版社，2019.9

ISBN 978-7-5317-4633-1

Ⅰ . ①能… Ⅱ . ①陆… Ⅲ . ①成功心理 - 通俗读物
Ⅳ . ① B848.4-49

中国版本图书馆 CIP 数据核字（2019）第 186208 号

能耐：成事的简单法则
NENGNAI CHENGSHI DE JIANDAN FAZE

作　者 / 陆　强

责任编辑 / 宋玉成　赵　芳
装帧设计 / WONDERLAND Book desigr 仙境 QQ:344581934

出版发行 / 北方文艺出版社
发行电话 /（0451）85951921 85951915
地　址 / 哈尔滨市南岗林兴街 3 号
邮　编 / 150080
经　销 / 新华书店
网　址 / www.bfwy.com

印　刷 / 天津旭非印刷有限公司
字　数 / 125 千
版　次 / 2019 年 9 月第 1 版
开　本 / 880 × 1230　1/32
印　张 / 8
印　次 / 2019 年 9 月第 1 次印刷

书　号 / ISBN 978-7-5317-4633-1
定价 / 42.80 元

自序

能力的上限和耐力的底线，决定了一个人的成长空间

1

我的职业生涯中，曾经发生过一件差点把我毁掉的事。

那时候，我在一家民宿类的App（手机应用）上班，当时已经得到了提拔，带着一个团队，看起来职场前景会一切顺利。

一天晚上，我正躺在家里舒舒服服地看美剧。突然间，微信里弹出来一条消息，是我的同事发来的，原来，是有房客说房源与实际不符，要求退房。

此时，剧情正发展到紧要关头，我有些不耐烦地点了个暂停。根据我的经验，一般遇到这种情况，都是房东的错。毕竟，房客是弱势群体，不会无缘无故找麻烦。于是，我批准了这位同事提交的退款申请。

就是这一次的想当然，我把自己给坑了。

第二天，房东就把投诉电话打到了公司。原来，一切都是那个房客在无理取闹，仅仅是因为他和房东产生了一点小

摩擦。

要知道，房东是我们这个App的立足之本，我们只有尽可能地吸引房东，才能吸引到更多的房客。现在可好，我得罪了这个房东，让他受了委屈，于是他就在房东群里发布了一些关于我们App的负面言论。

消息传到老板那里，老板勃然大怒，马上就要开除所有涉及此事的员工，也包括我。

如果遇到事情的人是你，你会选择怎么办？

说实话，我的心里充满了委屈。核实投诉这样的事，原本就不是我作为一个中层领导的责任。

有那么一瞬间，我很想去吼那个同事，为什么不好好核查就把东西提交给我呢？

有那么一瞬间，我很想和老板解释：直接犯错的人，不是我！

还有那么一瞬间，我真的想放弃了。

但后来，我做出了第四种选择。

我忍住了自己所有的条件反射，请求老板给我一个补救此事的机会，我去和房东道歉，尽自己的最大可能消除此事的负面影响。

我这么做，不是为了挽救自己的工作。当时，我已经对如何做好运营工作，有了整体的了解，即使没有人雇佣我，我也能赚到足够的钱，也能结识很多同道朋友。

但我觉得，做人，要为自己负责，为自己做的每一件事负责；做团队的领导，要为下属的每一个错误负责。

于是我耐着性子，花了几个月的时间，把这件事的负面影响慢慢消除了。中间我也遭受了不少白眼和冷脸，但我对这些都报以微笑。

有些人会觉得，在职场上，能力最重要。我想说，能力当然重要，但和能力同等重要的，就是耐力。

能力是锻炼出来的，耐力是磨炼出来的。

2

耐力，不仅仅是一种心态。

有时候，想要具有耐力，也需要能力的加持。

不知道你们有没有试想过这样一个问题：如果有一天，某个行业消失了，这个行业里面的所有人，都要怎么办？

也许你会觉得，一个庞大的行业，怎么可能说没有就没有呢？

在这个急剧变化的世界，一切皆有可能。我曾经从事过一个正在渐渐消失的夕阳行业，干着最苦最累的活儿，拿着最少的工资。

尽管我抓住每个表现自己的机会，让领导记住我、赏识我，并得以提前转正，但这些都没法从本质上改变我未来十年的发展轨迹。

怎么办？是耐着性子，熬下去，换取一个看得到的未来，还是放手一搏？

我选择了后者。

我报名参加了一个线上的网络营销课，开始准备自学，为转行做准备。

那段时间我过得特别辛苦。一方面，是因为时间上的紧迫；另一方面，家人朋友看到我想离开相对稳定的大公司，要去一个未知的行业奋斗，都不怎么支持。

但我已经下定了决心。

因为我看到，互联网行业充满了无穷的活力和生机，这个行业给野心勃勃的年轻人，许诺了前途和未来。

我不是一个感性的人，但通过老师传授经验，通过和同学的交流，我发现，做运营、做内容，背后有一套规律和逻辑。

我不是什么天才，但只要用心揣摩，我也会拥有进入这个行业的能力。

而这个行业，是可以凭借能力实现个人跃迁式发展的。

于是，我把自己全部的时间精力，都投入到了这个行业中，得以成功转行。从完全的小白，到创业拥有了自己的公号，我花了三年的时间。

我很高兴，找到了自己真正值得投入的职业方向，并可以心甘情愿地在这个领域坚持下去，不为一时的得失所困。

所谓能耐，就是既有能力又有耐力。

没有能力的耐力是一生平庸，没有耐力的能力是一时之勇。人生想要有所成就，就必须有“能”有“耐”。

3

在很多人看来，能帮老板解决问题的人，简直是职场上的英雄。他们凭借自己强大的能力，挽狂澜于既倒，让人钦佩不已。

但企业家罗伯特·弗里茨却说：“我们的公司绝对不招聘只擅长解决问题的人。”

弗里茨在《最小阻力之路》中提出了一个这样的观点：如

果你改变自己，只是为了解决一个问题，那么最终结果一定是失败的。

我们很多人都有这样的体验：想要减肥，为自己立下了一个目标，也完成了。不过，在实现了这个愿望之后，就又开始了胡吃海塞的生活，最后体重又弹回原点。

那么，为什么会这样呢？

因为，我们在解决问题的时候，思维是批判式的。想想看，减肥的你，头脑里是不是在想："我要改变，我要自律？"

但真正能让你改变的，不是批判，而是建设。

你需要的是，提出一种让自己满意的生活方式，而不是把目光聚焦在"减肥"这个点上。

也就是说，所谓耐力，并不是要你解决自己的所有问题，而是找到自己的优势力量，并在时间的流逝中把它放大，最终达到自己的最佳状态。

《李翔商业内参》中讲过一个概念，叫"自发性胁从"。这个概念的意思是说，在一个充满竞争的环境中，当一个人做到了某种别人没做到的事，其他人就不得不开始自发地跟进。

比如说哈佛大学为学生提供了游学一年的服务，其他如普林斯顿这样知名的学校马上也推出这样的项目，这是有意义的；但如果是一个三流的学校，去跟进哈佛大学的策略，就毫无意义。

耐，不是无意义的受苦，而是建立在对自己了解的基础上，能做到的最自然的事情。

我们每个人都是不完美的存在，能以不完美的状态走出完美人生曲线的幸运儿，当然是少之又少。

不过，我们每个人，都可以毫无顾虑地去奋斗，去拼搏。

因为，能力的上限与耐力的底线之间，就是我们的成长空间。

目录

能力

Part 1

合理定位：明确自身优势，找准持续发力点

Part 2

思维升级：思考的深度，决定了你人生的广度

Part 3

以终为始：给梦想一个期限，它才会真正实现

Part 4

能力变现：在高价值区做正确的事

耐 力

Part 5

反向思考：用情绪的力量，创造正面价值

Part 6

复利效应：别急，每天进步一点点，你也能成为 1%

Part 7

稳赢法则：每一次爆发式成长，都是蓄谋已久的酝酿

能力

Part 1

合理定位：明确自身优势，找准持续发力点

人生的“第二曲线”，让你在有限的自由中找到最佳选择

这个世界上有自己完全喜欢的职业吗？答案是没有。

即使再喜欢的事情，做久了也会厌倦。就像两个人谈恋爱一样，从刚开始的欣喜若狂，到最后的平淡归真，甚至偶尔产生一点小摩擦。

职业同样如此，再喜欢的事情，也会因为人际关系、晋升、收入、工作难题等各种原因消磨激情。那难道就只能安于现状吗？

当然不是。

当你不再去寻找职业上的可能性的时候，一个人的职业生涯基本也就到了尽头。

也许我们找不到一个最喜欢的职业，但找到一个让自己更喜欢，也更愿意从事的职业，是完全有可能的。

2017年的时候，我从土木工程行业寻找进入互联网行业的机会，当时和我一起学习的还有好几百位同学。他们都来自各行各业，有的是做机械的，有的是传统企业的销售，还有的是教师、公务员……

一年多过去，到我写下这篇答案的时候，并不是每个人都在从事互联网行业。有人自己创业了，做了自己喜欢的项目，拿着不菲的薪金；有人做了互联网公司的主管，每天在渠道和媒体之间疲于奔命，但很有成就感；有人通过接触互联网，知道了自媒体，做了全职的自由职业者；还有人奋战于一线，憧憬着未来……

尽管他们都是为了转行互联网而学习，但是最终却选择了不同的结果，而且大部分人对现在的结果更为满意。

为什么会出现这种情况？ 因为人生本来就是充满不确定性的，每个人都有权利去选择自己喜欢的生活。

我认识一个女生，性格非常强势，对于自己认定的事情，她总会去争取。毕业以后，她就去了一家一线城市的知名房企。她一个人在大城市奋斗，辛苦而充实，收入不菲。

我原本以为她会在公司奋斗几年，成为这家公司的中层管理，然后在这座城市结婚生子。没想到上个月我跟她聊天，才发现她已经回了老家。问起原因，她说："我父母身体不好，我想在家里好好陪陪他们，所以就回来了。虽然机会没有那边多，但是也足够了。"

听到这番话，我由衷地为她感到高兴，也许她现在的工作，并不是自己最喜欢的，但她起码找到了恰当的方式来平衡工作与生活。

我们在职业选择中，也会面临很多不确定性。自己想去的公司，也许看不上自己；自己想去的行业，现在又不知道应该怎么去；原本以为自己会喜欢的行业，结果去了才发现，很多情况和自己想的不一样。

那么，如果我们已经厌倦了某条既定的人生道路，有没有办法做出改变呢？当然有办法。我认识的很多人都努力了，尝试了，最后改变了自己的人生方向。

虽然他们选择的方向不尽相同，但是每个人都找到了更喜欢的职业。

美国的管理学大师查尔斯·汉迪（Charles Handy）曾经提出过"第二曲线"的理论。这条理论说的是，任何企业的发展过程，都是一条有起有伏的抛物线。企业想要保持不败，必须在这条曲线走向下滑之前，找到能够增长的第二条曲线。

这条原理，同样也可以用来指导我们的人生。

说得简单直白一点，如果一个人觉得自己在第一条曲线上已经不会有更多的作为，那么就要尽早做出选择，去寻找自己的“第二曲线”：改变自己，去学习新的领域，去探索新的可能性。这种改变，能让他活出更好的自己。

你想一想，通过改变自己或者改变环境，让自己通过学习进入一个自己更喜欢或者更擅长的领域，然后在这个领域里面做有成就感的事情，不是比一成不变更让人欣喜吗？

在我转行之前，我是一名土木工程师，我从来没有想过有一天我可以用文字影响这么多人；也从没有想过自己一个搞工程的，竟然可以从事互联网这样的前沿行业。但我就是做到了。

我不仅做到了，而且在这里收获了更多：帮助职业发展迷茫的同学找到方向，通过自己的努力让更多人爱上了学习，通过个体的力量影响了很多人……我在这里获得了超过以前工作十倍的成就感。

而这种更好的选择，是因为我找到了人生的“第二曲线”，拥抱了更多的可能性。那怎么做，才能拥抱更多的可能性呢？

在此，我想分享一些自己的经验和心得：

（一）保持对外界信息的敏锐

当你发现自己并不喜欢现在的工作，最难过的事情不是不愿意改变，而是不知道怎么改变、改变什么。

其实这多半是因为你对外界的信息不够敏锐，在新事物出现的时候，落后了那么一小步。

十多年前淘宝刚刚进入人们的视野的时候，很多人觉得马云是骗子，但刚好有那么一批人相信他，在早期加入阿里，现在早就已经实现了财富自由。

几年前，自媒体刚进入红利期，很多人在犹豫要不要做，结果最早做的那一批人，现在都已经是互联网上有影响力的人物了。

正是因为对信息的敏锐嗅觉，才让他们成功抓住了机会和风口，职业机会同样也是如此。

现在人工智能正在悄悄进入人们的生活，如果一个刚毕业的小伙子，因为看准了未来的趋势，恰好进入了人工智能领域，那又该是多么幸运呢？

那么，我们又应该如何才能保持对信息的敏锐呢？

第一，关注政策的变化

比如政策提出：房子是用来住的。那么你就应该敏锐地知道，属于房地产的黄金时代已经快结束了，未来这个领域的发展速度很可能会逐步稳定甚至开始下降了，也就意味着机会会相对减少。所以，平时可以多看看政策性新闻，一般多少会有一点帮助。

第二，关注投融资领域的风向

作为一个普通人，不要觉得这些投融资的新闻跟自己没有关系，实际上这多少代表了未来最赚钱的领域会集中在哪里。

比如2012年到2015年之间，移动互联网创业项目，就非常容易拿到投资，也让这个行业的很多人实现了财务自由。

最近两年，资本开始转向人工智能、区块链、新零售、工业互联网等，也就意味着移动互联网的红利基本快结束了，如果你现在加入一家做社交应用的创业公司，那就要谨慎一点了。

第三，链接业内人士

如果你想了解一个行业，最好的办法莫过于直接找这个行业里的人。他们往往会比你掌握更多的信息，也会帮助你发现一些新的机会。在任何时候，“抱团”都能加速你的成长。

（二）坚持学习

如果你想进入一个新的行业，最好的办法就是先学习这个行业的基础知识，然后通过这些知识入行。

有很多同学来咨询过我如何转行互联网，他们大多会问这样一个问题：小强，我也想转行互联网，但是投了十多份简历都没有回音，应该怎么办啊？

其实我想说，你原来不是做这一行的，现在想入行又没有经验，简历石沉大海不是理所当然的吗？如果你真的想要入行，就不要抱着试一试的心态，而是真的去学习必备的知识。等你真的投入了、付出了，也掌握了这个领域的必备技能，才能得到相应的回报。

（三）保持尝试

平时工作之余，我就喜欢写点东西，有的是关于个人成长的，还有的是关于学习的。没想到这也给我带来了很多额外的机会。所以，保持尝试吧，毕竟只有试了你才知道，这件事情自己是不是真的喜欢。

我们每个人的自身条件都不尽相同，找到自己理想职业的难度也不一样。也许有的幸运儿，第一次找到的工作就是自己最适合、最喜欢的。但更多的人都曾经迷茫过、寻找过。如果你属于这类人，希望这些文字能帮助你，找到人生的“第二曲线”，不再迷茫，走向辉煌。

能在一个方向上持续用力，才能避免无效努力

前两天，我在自己的公众号“小强职场说”上做了一个小调查，结果显示，大部分的大学生和职场新人没有清晰的职业规划，总是不停跳槽，最后搞得自己身心俱疲，得不到更多的发展机会。

当你怀抱着改变世界的梦想，期待有一天能够把它变成现实的时候；当你因为自己不喜欢的事情忙得不可开交的时候；当你每天重复做着同样的工作，感觉得不到成长的时候，你会不会停下来思考一个问题——你的选择是否值得?

去年4月，我筹备转行互联网，在朋友的推荐下，我选择了某在线教育网站作为自己入门的平台。

最后报名的时候，我依旧犹豫了很久，毕竟这要花将近四千元，对当时的我来说有些昂贵。

经过两个多月时间的学习，我成功入职一家互联网公司的市场运营岗位，并且成长很迅速——转行不到一年，收入比之前高，自己也开始带团队。

我记得在购买课程的时候，每一次老师讲课都会有这样一句话："人一定可以通过学习改变命运。"以前我觉得这是在洗脑，现在想想反而觉得，用一点学费、一些时间换来自己想要的人生，真是太划算了。

因为在一个人的成长路径上，时间才是最重要的因素，如果花几千块钱就能买到别人七八年的经验总结，即使只学到别人的两三成功力，也远比自己在百度上搜集的碎片化知识强得多。

所以，如果你准备全情投入一个领域，最好的办法就是找到这个领域经验丰富的人，然后向他学习。

我在读者中做的另外一份调查显示：

67.3%有转行想法的人当中，只有12.7%的人有充分的准备并想好了今后的道路。而更多的人，还找不到自己发展的方向在哪里。

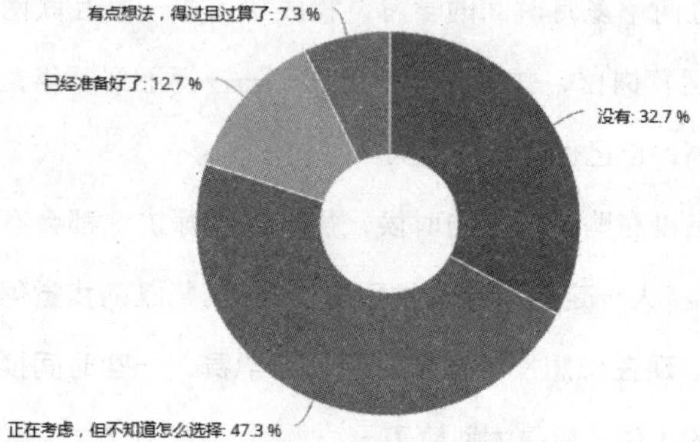

他们中的部分人，热衷于不断跳槽和转行，最后却没能在任何一个行业有所建树，最后大好时光已经逝去，只能带着所谓的情怀和梦想，抱怨现实的不公。

这一切的根源，有一个非常重要的原因——你一开始就没有做好自己的职业规划，所以你没法在一个领域持续努力下去。

我还发现，有些人看似也为自己描绘了一个美好的未来，可实际上他的职业规划全靠“脑补”，完全没有真正可执行的规划。

在面试或者网申简历的时候，有一道题的出现频率很高——请简要说说你的职业规划。

对于这样的问题，很多老师都会教你用一套“话术”来对付，比如说入职初期，要做好本职工作，尽快适应工作；工作一两年内，努力提升自己，在完成岗位基础要求的前提下精益求精；工作三五年内，横向学习与岗位相关的知识，争取成为独当一面的管理层。

乍一听，这些规划听起来很合理、很美好，然而很多人在做职业规划的时候并没有从自己的实际性格出发，也没有考虑到岗位的需要。这就让你的话听起来有点空洞。

比如现在我亲自负责招聘，就会追问一句：你觉得以前自己的经历中，制约你个人发展的因素有哪些？如果你工作的过程中遇到了同样的困难，要怎么才能克服？这些问题要求把理论和实际结合起来，超出了“面试话术”的范围，很多人就支支吾吾，答不上来了。

说白了，很多人往往没有找准自己个人定位、没有考虑实际情况，就盲目选择了一个行业。

有些人会说，职业选择还有什么好考虑的，选个自己喜欢的职业不就行了吗？其实，一个人的职业选择和未来的职业发展，应该根据自己的知识技能、个人经历和家庭情况等综合因素来定位。人的社会属性，决定了很多时候的职业选择没办法完全依靠兴趣。如下图所示：

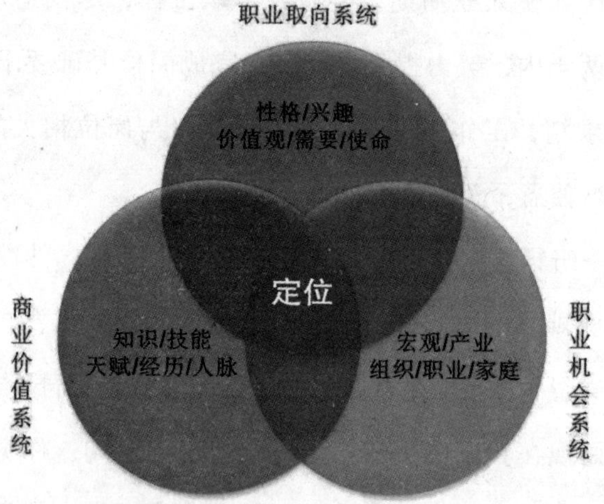

当然，明确你的兴趣及性格也是你职业定位中非常重要的一步，对于一部分人来说，只有做自己喜欢的事情，才有可能在碰到强大对手的时候仍然坚持；在遇到极其困难的情况时不会放弃；在有巨大诱惑的时候也不会动摇。

所以，在进行职业规划的时候，要考虑如下几个因素：

（1）自己的性格和将要从事的工作的匹配度。比如性格内向的人，让他去做销售相关的工作，那么他可能会对这份工作有抵触情绪，自然做起来就比较难了。当然并不是说内向的人就一定做不好销售，但相对来说要比其他人克服更多的困难。

（2）自己的知识技能与将要从事岗位的匹配度。就如同每个人的性格不同，我们难以强迫一个文学专业的人去从事数据分析相关的工作。你所掌握的知识、技能和能力优势，是你选择工作时应该重点考虑的。比如说性格外向、善于与人沟通可能对于销售、客服等工作具有核心竞争优势，但如果换到基础科研类的工作，这却成了劣势。所以我们要在事前进行详细的规划，能够看到自己在特定岗位上性格上的核心竞争力。

（3）自己掌握的或能够调配的资源，包括人脉、社会、财富等资源。选择一份工作时，最好之前能问问行业里面的过来人，问问他对于这个行业、目标岗位和发展前景的看法，局限在自身的想象是不行的。这样可以让自己少走很多弯路。所以，你在某个行业认识的熟人越多，进入一个行业就越容易做好充分的准备。

（4）要有自己的长期目标。有一句话对我的影响至深：跳槽的唯一原因，是当前的公司不能满足你快速学习的需求。你的长期目标，是驱动你持续学习进步的原动力。

（5）途中的一切困难，都是自己成长进步的机会。有人说转行难，其实，难的不是转行，而是你没有真正想明白自己的目标，也没有给自己成长进步的机会。对于目标清晰的人来说，他的困难只有一个，那就是如何快速成长进步。

所以说，在选择任何行业之前，有了清晰的职业规划，才能在一个方向上走得更远。否则，就算你凭借自己的某些优势，迅速找到了工作，也有可能是在做无用功。希望我分享的这些择业方法，能对你起到一定的帮助作用。

自夸也是个技术活儿

先问一个小问题吧：如果你正在某网站选购一款手机，你会考虑哪些因素？

一般来说，我们会关心品牌知名度、外观、性能、价格、口碑等因素。

其实，企业招人和你选购手机，虽然是两件不同的事，但是本质是相通的，都是要在需求与付出之间找到平衡点，双方才能交易。

企业的人力资源部门需要在有限的预算内，找到最合适的人才；作为求职者，则是通过简历，展示自己的专业能力等要素，获得一份满意的工作。

把自己当作产品推销给企业，也是一个技术活儿。那么，怎样才能合情合理地表扬自己，让自己成为人才市场上的“畅销品”呢？下面，我们就分享一些这方面的经验。

(一)划定目标企业和岗位

做过市场工作或者文案工作的人应该知道，每一款产品都有它的目标客户，而抓住目标客户，是销售文案的重中之重。

比如“花点时间”App的目标，是为一二线城市的女性白领提供日常鲜花；“小米”手机的目标，是做年轻人的第一部手机；“超级课程表”App的目标，则是为大学生提供课表制作，校内社交的平台。

每一款好的产品，都有其独特的目标用户。而一份优秀的简历，也必须要有对应的岗位，抓准核心需求，企业的人力资源部门才会为你“埋单”。

举个反面的例子：一位优秀的行政经理，去应聘技术管理岗位，可能连简历关都过不了。这就是目标和简历不匹配造成的。

所以，想要合情合理地表扬自己，就要提前锁定目标企业和岗位。一般来说，创业公司的岗位边界比较模糊，可以在简历里强调自己具备多元能力；而大型国企可能会看重学历，可以在简历里强调自己的教育经历。

总之，在投递简历之前，先想好，你到底想去什么样的公司，做什么样的岗位。

（二）分析岗位要求

写销售文案的时候，我们为了满足用户不同的需求，经常会找来一些用户了解他们的实际需求，或者要了解用户在需求方面有哪些特点。

然后我们就可以知道，可以更具针对性地给用户提交方案，让他的需求得到更好的满足。

就好比知乎的首页，总能给你推荐你感兴趣的话题，其实这背后是网站通过一套算法，洞察了你的需求。

这一点同样可以用到写简历上来。我们分析用人企业的需求，就可以更好地满足用人单位的需求。

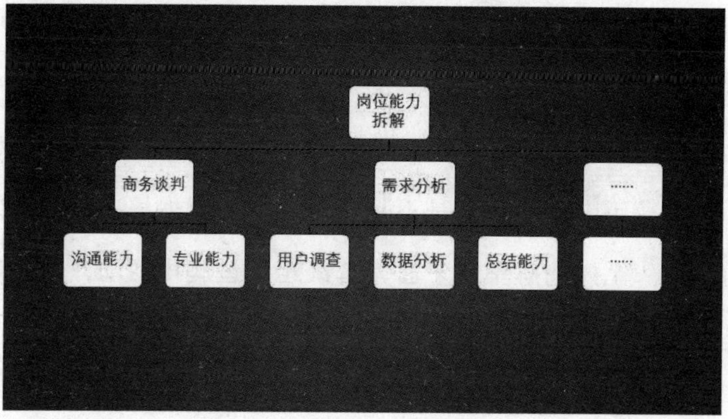

只有真正知道用人企业的需求，我们才能有针对性地写出简历。

比如一个应届生想做新媒体运营。他打开招聘网站，看到岗位要求的第一条，上面写着："负责种子用户社群的运营，包括但不仅限于拉新、活跃、留存、转化。"

如果你没有做过运营，有可能连"拉新、活跃、留存、转化"具体是什么意思都不知道，心里可能会有点发慌。

不过不要急，先想清楚"运营"这个岗位的核心职责是什么。

是社群运营，对吧？

那么社群运营又可细分为哪些能力呢？

第一，需要沟通能力。

社群需要互动，所以沟通能力一定是第一位的。在简历里举个能证明自己沟通能力的例子，就可以了。沟通能力可大可小，即使你没有用自己的沟通能力办成过什么大事，也可以在简历中写明自己是不是曾经用沟通能力解决过生活中的小事。比如调解室友矛盾、曾经组织过爬山活动，这些都是沟通能力的证明。

第二，需要写文案的能力。

运营工作和营销是分不开的，在运作社群的时候，经常需要发布一些销售文案，所以必须具备一定的写作能力，也要对大众心理有一定程度的把握。如果你实在不清楚，可以先看看别人的文案，至少知道什么样的文案才算好文案。

第三，想想自己有没有与之相关的成功案例。

运营的门槛其实没那么高。既然你对运营这个岗位有兴趣，想必曾经加过一些QQ群、微信群，也可能玩过贴吧等网络社区，这些经验是不是又能够帮你加分了？不要小看自己的任何一段经历，它们都有可能会帮到你。

（三）建立过往经验和目标工作之间的联系

知道了这个岗位需要哪些能力之后，要怎么证明自己具备这些能力呢？

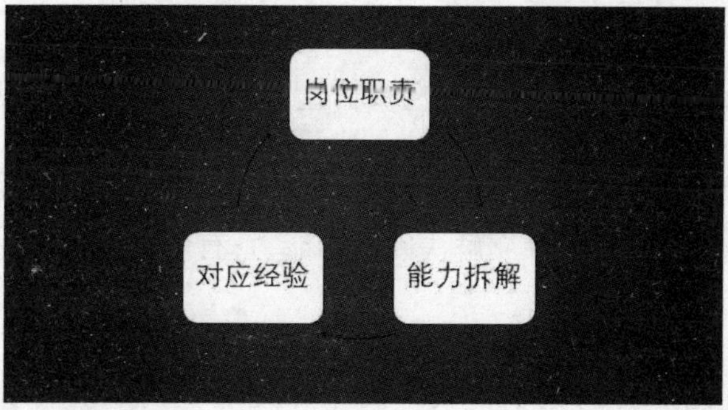

如果你总是盯着自己的缺点，那么你找到的一定都是自己无法胜任这个岗位的理由；而如果你能发现自己的优点，合理地表扬自己，而且你的定位又符合实际，那么你就一定

能找到属于你的岗位。

比如想证明自己逻辑思维能力比较强，不一定非得是解决了很复杂的问题才可以；也可以是在火车上丢了东西，事后通过蛛丝马迹，推理出了背后的元凶。

想证明自己组织能力很强，不一定非得是组织了一次大型的校园活动才算数，组织一次成功的同学聚会，也能在一定程度上说明问题。

千万不要妄自菲薄，把你真正花费精力做过的事情写下来，也未尝不是一种能力。比如你在大学里面常常写日记，你可以说自己的写作能力不错；你会修电脑，可以说自己动手能力很强。

如果你大学期间没太注重自己的学习成绩，但是却利用空闲时间做了很多兼职，那么你就可以这样表扬自己：大学四年，培养了自己独立解决问题的能力；有效利用身边的资源，赚到了人生第一桶金。

再比如有的同学，大学四年都荒废了，不仅成绩平平，也没做过什么兼职，把课余时间都用来打游戏了，那也不用绝望。或许在常人眼中你不算成功，但是你一定非常清楚某一款游戏的优劣，明白用户对它的评价如何。如果你还能总结出该款游戏的痛点，那么你对于游戏公司而言，简直是不可多得的人才。

总之，求职就是一个合情合理地表扬自己的过程。无须为简历感到烦恼。通过合理的定位，每个人都能找到适合自己的岗位。合理的自我表扬，有分寸而不夸张，同时又能做到有理有据，写简历、找工作就不是一件难事了。

用别人看得到的实力，成就你的影响力

我在有些学员身上，经常会发现一个问题：很多人的自身条件还不错，甚至可以说很优秀，却找不到满意的工作。这说明，虽然你有实力，但也要让别人看得到你的实力，才能把实力变成你打动别人的影响力。

在销售文案的写作中，经常会用到“影响力六原则”，这样会极大增强文案的说服力。

而在简历的撰写中，我们可以运用同样的方法。

所谓“影响力六原则”，就是权威、稀缺、喜好、社会认同、承诺和一致、互惠六项原则。

下面，我们来一一说明，如何用这六项原则，来增强简历的说服力。

（一）“权威”原则

“权威”原则，就是指人们在同等条件下，更容易接受权

威的意见。

比如在购买安全插座时，人们更倾向于公牛，因为公牛是安全插座领域的领导者。

在生病了之后，我们更倾向于接受专业医生的建议，而非身边普通人的建议，因为医生是权威，而普通人不是。

其实这就是“权威”原则对我们的影响力。一旦某种人、某个身份、某个品牌在我们心中树立了权威感，那它的地位几乎就不可动摇。

这个原则怎么用到写简历当中来呢？

其实很简单。

梳理一下你之前的经历，看看有哪些是和权威能产生关联的。

如果你曾经在世界五百强担任技术工程师，还获得了公司的奖励，你可以这样写：“曾经为世界五百强公司提供技术支持，并且获得了优秀奖，整个公司仅有三十名员工获此殊荣。”

这种写法的好处，是能够让人一眼看出你得到的奖励有多大分量。

如果没有这样的经历呢？

那么，你可以回忆一下，有没有给知名企业提供过服务，有没有获得过某些业内专家的认可，这些经历都可以让你利用权威的力量，为自己赋能。

比如说我曾经在学校里为某大型企业提供校园招聘的服务，整件事做得很顺利。那么我就可以说："在大学期间，为世界五百强企业提供校园招聘服务，企业满意度百分之百。"

这样写，不仅说明了你的经历，还同时交代了你的服务质量，让人力资源能够从数据中发现你的优势。

（二）"稀缺"原则

"稀缺"原则是指人们在受到限制的情况下，更容易发现事物的优点。

我们常见的电商限时免费、"最后一天大甩卖"等，都是稀缺原则在日常生活中的应用。

而在写简历这件事情上，道理也是一样的。

你可以回忆一下，自己有没有做出过某项成绩，而这项成绩是大部分的人都做不到的。

比如在整个公司里，全体员工都没办法解决的事情，被你一个人解决了，你对于整个公司来说就是稀缺的。

整个行业里，只有不到十个人做出了这样的成绩，你就是其中一个，那你对于这个行业来说就是个稀缺人才。

这个原则适用于那些本身就比较优秀的人。不过，即使你没有那么优秀，也可以把不同的能力综合交叉，体现自己的独特性。比如懂英语的人很多，但懂英语同时又懂医学知识的人不多。如果你两样都懂，那么你就是不可多得的医学翻译人才。

（三）“喜好”原则

“喜好”原则是指，一个人更容易受他喜欢的人的影响，比如我们更容易相信朋友对我们说的话，而怀疑陌生人说的话。

这一点如何应用到简历中呢？

其实很简单，你需要挖掘出自己和目标公司的关联。

比如你去应聘小米手机的运营岗位，而你恰好是小米手机的忠实粉丝，从小米一代到现在的小米N代，只要新款一上市，肯定第一个入手。

人力资源看到这样的应聘者，会觉得你们之间的距离瞬间被拉近了，提升对你的好感。

当然，如果你不是公司的粉丝也没有关系，千万不要说谎。你可以针对即将面试的岗位做一份面试作品，或者事先做一做“功课”，谈谈你对这个岗位的理解和对公司的认识，这也是一个大大的加分项。

总之，想办法把自己的距离和公司拉近一点，那么你成功应聘的可能性就会高上一分。

（四）“社会认同”原则

社会认同原则，实际上指的就是人们更容易相信大部分人相信的事实。

这一招也是电商经常用到的。我们可以在淘宝的商品页面上，看见有多少人已经购买了这款产品，甚至还可以在产品的详情页上读到其他买家对这款产品的使用体验，这就是社会认同原理的具体应用。

那么在简历撰写中，如何用好这一条呢？

很简单，你想一想，你有没有一项能力，是获得过很多人认可的？

比如你擅长内容营销，帮助很多企业做过内容营销的策划，好评率达到百分之九十以上；比如在上一份工作中，每个月都拿到“优秀员工”的奖励……

这些获得“广泛认同”的事情，其实都是你简历中的加分项。

（五）“承诺和一致”原则

能证明自己曾经说出的话，就是“承诺和一致”原则。

我看过很多人的简历，基本都有一个最大的通病，这个通病就是“自说自话”。

也就是说，在简历里自己夸自己逻辑思维能力强、沟通能力强、能吃苦耐劳等，但这些抽象的词语没法给人留下什么印象，实际上也没有说服力。

而真正能够证明你这些能力的，是案例。

比如说你要证明自己有比较强的沟通能力，可以写自己曾经在某公司，负责沟通协调多家分包企业的业务，按时完成率百分之百，没有出过一例差错。

这就是你沟通能力的最好证明了。

所以请利用过往的案例和经历，去证明自己的能力，相信你一定会发现不少惊喜。

（六）“互惠”原则

如果你发现上面五招都用完了，自己还是担心竞争力不够。

没关系，最后这一招“互惠”原则，我用过很多次，也教人用过很多次，几乎百试百灵。

这一招，我建议你慎用，但也建议你常用。慎重是因为太消耗时间，不必每一家企业都用；常用是因为威力太大，对于你非去不可的企业，一定要用！

这一招就是：针对企业需求做一个作品，来证明自己的工作能力。

如果你发现自己的简历没有很强的背景优势，但是你认为自己完全有胜任的实力，那么一定要用这一招，增强说服力。

比如你想去应聘某公司的运营岗位，那么就针对这个运营岗位的职责，做一份策划方案出来，证明你的运营思维和实力，面试官一定会非常感动。

如果你想去应聘某公司的产品经理岗位，那么就针对该公司的产品，做一份竞品分析报告，或者做一份详细的产品方案，能大大增加面试官对你的好感。

你做的这份方案，如果是合格的，那招聘者不仅可以立刻拍板录用你，还可以立刻把你提交的方案运用到工作中。即使你的这份方案尚有瑕疵，但只要你的态度认真，一定可以得到最具有针对性的指点，那么这次面试经历也必将提升你的能力。所以，我把这条原则称为“互惠”原则。

如果你能把这六项原则运用到求职面试中，一定能快速找到自己满意的工作；而如果你平时能用这六项原则来证明自己的能力，那么你一定能逐渐成为行业内有影响力的佼佼者。

Part 2

思维升级：
思考的深度，
决定了你人生的广度

阅读可以碎片化，思考需要条理化

每天晚上睡觉之前，你一般会做什么事情？

我一般会在手机上刷刷朋友圈、微博，直到自己的社交媒体上再也刷不出新内容，才恋恋不舍地放下手机，开始睡觉。计划十二点就睡，可能会等到十二点二十才能合上双眼。但如果要我回忆睡前到底看了哪些内容，可能我也根本说不清楚。

信息碎片化时代，我们每天面临的信息越来越多。各种繁杂无用的信息充斥着我们的大脑，导致很多时候我们根本就没办法深入思考。

当我们面对复杂的事务时，这种能力的欠缺就会表现出来。比如当我们要写一篇论文或者深度文章时，有时候会不知道从何入手。

每个人都想提高自己深度思考的能力。那么我们具体要怎么做呢？

先让我们一起来看一个心理实验吧！

你可以在白纸上画一个圈，然后让不同的人来猜，这个圈究竟是什么。

你会发现，当孩子们看到这个圆圈时，他们会想到苹果、足球、太阳或者月亮。但成年人往往认为它是一个图形或者符号，没人会把它看成是水井或者饼那样具体的东西。

接着，再在圆圈内画一些奇怪的黑点，并给测试者一支笔，让他们再次解读这个图形，用想象力把这个图形补充完整。

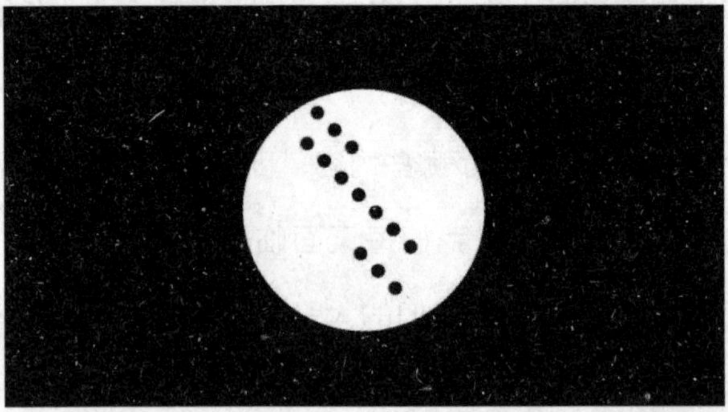

孩子们不会过于关注圆圈内的东西。他们会对圆圈外的空白产生好奇。有的人给圆圈画上了翅膀，有的人在圆圈外画出了藤蔓和叶子，还有的画出了四肢，画出了另外的圆圈。

而成年人则更多地关注圆圈内的结构与内容，他们中的多数人对着圆圈内的黑点发呆，试图弄清这幅画的含义，很多人一直在圆圈内进行计算和连线。

这两个实验体现出了成年人和孩子思维模式的不同。对孩子们来说，他们看到的圆圈是一个不受任何束缚的图形，因此他们会进行各种联想。但是对于成年人来说，问题却复杂化了，他们在潜意识中认为这不是一个简单的图形，因此，他们会依据自己的经验沿着特定的逻辑方向进行分析，并试图找出与图形有关的一些规律。

孩子们的思维往往会向不同的维度发散，而成年人的思维则会沿着特定的方向延伸。这两种思维模式分别被美国的心理学家乔伊·保罗·吉尔福特称为：发散思维和收敛思维。

发散思维就好像是一棵树，从种子那里出发，不停地向外发展；而收敛思维更像特定的传输管道，始终集中在同一方向，思维方式更加条理化、简明化、逻辑化、规律化。

当我们在处理信息时，往往会同时用到发散思维和收敛思维。利用发散思维，我们能丰富自己的思维模式，拓展自己的视野；而利用收敛思维，我们能为同一个目标调取信息，从而快速找到处理问题的有效方法。

而现在的信息碎片化了，我们所接收的知识也随之变得碎片化。比如你今天看到一篇文章，觉得很有意思，收藏了；明天看到一篇文章，内容很有价值，也收藏了……这样的阅读模式，让我们成了信息的收集者，而不是有深度的思考者。最后的结果可能是：你收藏了一百篇干货，但能力还是在原地踏步。

社交媒体让我们轻易获取了比以前多十倍甚至百倍的信息，但是如果你不去利用自己的收敛思维，那么这些信息中的大部分都会变成垃圾信息。

而我们接收信息的方式，也因为时间的分割，变得碎片化。当你想静下心来看看书的时候，也许是一条微信消息，也许是一个电脑的弹窗，告诉你哪里又发生了什么有趣的事情，你可能会放下书，去看看。看完这一条，接着就会发现另一条推送也挺有趣的，再看看也无妨……最后，你花了两个小时，只有二十分钟是在认真看书，而这本书给你留下的记忆，也只是一些支离破碎的片段。

如果仅仅是为了休闲而阅读，那么碎片化思考也无伤大雅；但让人担心的是，这样的情况正发生在我们的工作和学习中。

比如我发现，很多人对自己工作的思考也是碎片化的。领导发布了一项任务，很多人会花百分之九十以上的时间去执行，却鲜有人去思考：整个任务的目的是什么；领导说的办法，是问题的最优解吗；这种方法的可操作性是高是低，能否带来实际的效果……想弄清这些问题，仅仅依靠碎片化思维，肯定是难以做到的。

很多时候，我们拍脑袋去决定一件事情的时候，往往忽略了更加深入的思考，没有利用自己的收敛思维。这就是用战术上的勤奋，去掩饰战略上的懒惰。

在大企业里做基层技术岗位的时候，我对自己的工作提出了很多的想法，但是却从来没有验证过我的想法是否科学，是否真的提高了企业的生产效率。那个时候的很多创意，大多数都停留在想法层面，没有真正去做尝试，更没有去思考如何才能做得更好。

然而，接触到营销工作以来，如果仅仅是依靠战术上的勤奋，往往是很难取得实际成效的。

比如在职场上，很多人会盲目地跟别人攀比，看见别人去参加比赛，你也去参加；看见别人去报学习班，你也去报名……而他报班学习，可能是为了成为更好的产品经理，而你对这方面根本没兴趣。那么你和他做一样的事情，就浪费了自己往其他方向努力的机会成本。

没有收敛思维，不去为了既定目标努力，仅凭着碎片化的思考做出一些尝试，就无法真正地积累能力，提升自己。

在做产品方面也是这样。“李叫兽”曾经举过一个例子。曾经有个公司的首席执行官抱怨，说自己的产品不像以前那么“酷”了。那么，他是不是要请一个更“酷”的代言人？是不是产品形态应该更年轻化一些？是不是应该在外包装上增强产品的科技感？

最后，“李叫兽”发现，这些都不是决定产品“酷”与“不酷”的本质原因。从根本上来说，一个产品让我们觉得“酷”，是因为它打破了某种不合理的常规。

“李叫兽”的总结是富有穿透力的。他透过了代言人、产品形态、外包装等碎片化的要素，直击“酷”这个一般人说不清、道不明的感觉的本质。这就是收敛思维的力量。

其实收敛思维就是找到事物的“底层逻辑”。很多时候，底层逻辑甚至比执行力、沟通能力更为重要。

举个例子：刚开始工作的时候，为了节省房租，我住在离公司比较远的小区。算下来一个月能省掉两三百块钱的房租加交通费。但是我却忽略了一样很有价值的东西——时间。

每天一小时的通勤时间和每天两小时的通勤时间，表面看似乎没有什么差别，但日积月累，一个月就是将近二十四个小时，相当于你一个月整整多出了一整天的时间。如果我把这个时间拿来投资学习或者好好休息一下，其价值可能也远高于节约下来的两三百块钱。

所以，一个人的底层逻辑，看似影响不大，但在日积月累的过程中，却会逐渐产生意想不到的效果。

后来我自己参加了一些认知方面的课程，感到自己的认知能力得到了提升。以前我选择行业的时候，总是浅尝辄止，后来我得到了一些行业“牛人”的点拨，专注做内容，结果在不到三年的时间里，在这个领域突飞猛进，我的经历被很多职业指导课程当成案例来讲。

以前看到别人做一件事情取得了成功，就马上会眼红，自己也恨不得立刻投资进去；现在会先分析这个事情的天花板在哪里，需要花费多少精力，不再去做那些费力不讨好的事情。

如果我能在大学里就掌握收敛思维这种思维方式，多花时间思考自己未来的方向，也许真的会少走很多弯路。不过，现在我把这种能帮你实现人生目标的思维方式分享给你，希望你能早点从中受益。

摆脱惯性思维，才能拿回人生掌控权

我曾经在“知乎”看到过一个很好的问题：“在职场中，有哪些典型的‘学生思维’？”

看到这个问题，我不禁回想起了自己刚刚进入职场的样子——愤世嫉俗，看不起“拉关系”的人，觉得多干活少说话才是“王道”。

现在回想起来，这恰恰是我在求学时期养成的惯性思维导致的，我也因此走过不少弯路。

比如我曾在完成工作的过程中，没有主动与领导核对进度，结果白白熬了三个通宵，当时还特别气愤，怪领导没有把任务说清楚。

从小学到大学，我们身边都有驱动自己的人：父母、老师、辅导员……这些人不仅管理着我们的行为，还负责引导我们的思维方式，我们在这些身边“权威”的影响下，去判断什么事情可以做，什么事情不可以做。

但步入职场后，很多人还是在这种思维惯性的影响下做事：领导安排了事情，就做；领导没有安排，就闲着。领导雇员工的目的是为了创造更高的价值，如果所有的事情都需要领导亲自安排，要员工又有什么用呢？

正确的思维方式是，在恰当的时候，主动为领导分忧，你才会被需要，才会获得信任。

工作的时候，能否根据公司的整体目标，来主动调整自己的工作，这是在职场上人和人之间拉开差距的关键。

很多人会觉得：都在一个公司工作，只要老实听话，他能做到的我也能做到，大家都差不多。实际上，这是一种常见的错觉，也是由惯性思维导致的。

在学校里面，只要按时完成作业，成绩都不会很差，因为每个人的分数是有上限的。

例如一百分的题，成绩好的同学可以考一百分，而成绩不好的只能考六十分。这个时候他们之间的差距是四十分，不是因为他们真的只差四十分，而是因为一百分是学校设定的天花板。如果有一天，学校的试卷打破了这个上限，你就可以看到，两者的差距是远远超过四十分的。

进入职场之后，这个上限就消失了。社会不会为真正有能力的人设定一个天花板。人和人之间的差距，就会因为是否能主动工作而渐渐拉大。

在学校，只有老师收作业的时候，我们才会把自己的劳动成果交上去，如果我们在某门课上的表现不好，老师还会给我们改正和练习的机会。但是在企业，你根本没有那么多次的机会去练习，往往很多东西都是一次性决定的。这个时候，你能不能做到积极主动，就显得特别重要了。

比如领导让你写一个项目的招标PPT（演示文稿）、写一个策划方案，你就要主动汇报进度，还要主动思考领导布置这项任务想达到什么目的，同时也要注意和领导沟通时你对工作的想法和疑问，领导才能在你想偏的时候随时纠正你。否则就可能导致我在文章开头说的那个结果——

你花了三天时间做PPT，结果连方向都是错的，显而易见是白做了，还耽误了时间，影响了项目的进度。领导不开心，你自己也很难过。如果能随时汇报项目进度、主动沟通，又怎么会出现这种让大家都难受的事情呢?

当然，摆脱在学校养成的惯性思维，养成积极主动思考、理解总体目标的好习惯，并不是说我们要把所有在学校养成的习惯完全抛弃掉。

比如学习的习惯。只不过，以前在学校可能是家长和老师“要你学”，而走向职场之后，应该是“你要学”。

我很惊讶的是，现在这个时代，有很多人还觉得，自己能凭小聪明和好运气成功。

然而现实是残酷的。刚刚改革开放的时候，下海创业的人不多，很多文化水平不高、目标感不强的人后来都成事了。

然而，到了互联网时代，你再看看，多少企业家是凭运气成功的？

现在再也不是那个遍地是需求，随便做个产品都能上市的时代了。随着竞争的加剧，能主动终身学习、改变自己显得更加重要。

我翻遍我的人脉圈，几乎没有人因为“学习”这件事情，最终成了书呆子或者失去了社会技能。

相反，他们在自己的工作、学习上都能把事情做到极致，成为企业最欢迎的人才。

有句话说得好：“会学习的人，做其他事情也不会差。”

学习是件反人性的事。如果你在上班之后还能保持学习的习惯，那么你也一定会比大部分人更优秀。

当你进入职场几年后，没有人再教你怎么去做好一件事情，所以唯一的解决办法就是主动学习。而学习的最好办法，也就是理解每项工作任务的目标，把公司的目标变成自己的目标。

摆脱在学生时代形成的惯性思维，养成主动思考、主动学习的习惯，充满目标感地去工作，你就能让自己的职场之路按照自己的规划走下去，获得对自己人生的掌控感。

别再“死磕”了，要么换个角度，要么提升维度

不知道在职场上的你，有没有遇到过这样让人头疼的情况：公司几个部门的人围在一起，各自从自己的角度出发，想要说服彼此，然而，两个小时过去了，问题的解决方案却没有任何进展，你听了很多人帮你提的建议，却没法判断到底该信谁的。同一个问题，似乎是“公说公有理，婆说婆有理”。

后来我才知道，这种情况就是因为缺乏结构化思维。

一般来说，解决问题的思维方式可以分为三种：平面思维、单线思维和结构化思维。

用平面思维去解决问题，也可以称之为就事论事。比如说一个蓄水池，水突然减少了，为了解决这个问题，平面思维的解决方式一般就是：抽更多的水放到水池里。

而单线思维则会从某个特定方向去思考问题，进一步寻找解决问题的方案。

比如单线思维者可能会怀疑水池在漏水，然后去求证这个想法。如果发现水池真的在漏水，他们就会把漏洞填上，解决水池里的水突然减少这个问题。

但在实际运用中我们会发现，平面思维和单线思维都有其片面性，都无法挖掘出事物的全貌，进而给出一个完善的解决方案。这两种思维方式多少都影响了我们对于问题的认知，并且可能会诱导我们提出一些错误的解决方案。

而当我们采用结构化的思考方式进行分析的时候，就可以把问题从内因、外因两方面来进行归类，层层剥茧，逐项分析，找出问题的原因，从而帮助我们更高效地解决问题。

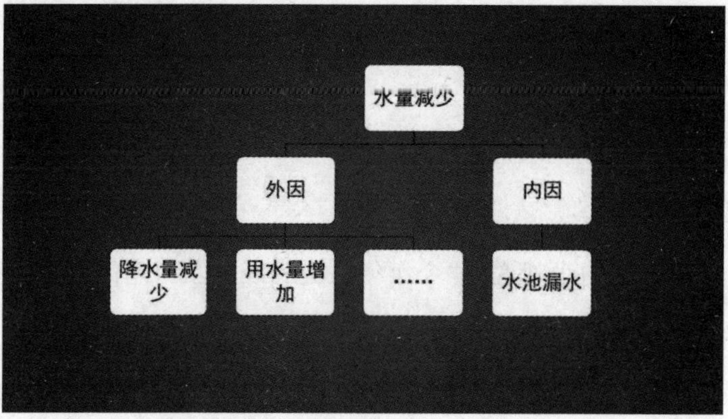

而这种结构化的思维方式，被全球知名的咨询企业麦肯锡公司称为“金字塔原理”。我们日常用到的项目管理方法、

问题分析方法、高效表达和沟通的方法，其实很多都脱胎于金字塔原理。

这个方法可以帮助我们更高效地建立问题和原因之间的逻辑联系，从而更有效地分析问题、解决问题。

那么，为什么金字塔思维更高效，我们又该如何运用好金字塔思维呢？

我们可以一起看看下面这个例子。

A公司是一家互联网在线教育公司，一年的利润大概是一千万，现在首席执行官张先生说："明年，我想让公司的利润翻一倍。"

你作为这家公司的首席运营官，不得不第一时间去思考怎么样去完成这件事情。

你马上召集团队开会。会上，每个人都从自己的角度提出了看法：

产品部的小刘说："今年年底会上线一款新产品，预计可以多创造一些利润。"

销售部的小王说："最近我们正在优化销售团队的话术，预计可以把转化率提升百分之二十。"

市场部的小强说："市场上获客成本基本保持稳定，为了增加利润，必须增加投放预算。”

运营部的小李说：“我们的课程口碑很好，每十个学员中，有两个来自口碑推荐，我想可以减少运营成本，就能给我们节省出一部分投入。”

商务部的小红说：“明年可以再开发出一批合作分销渠道，预计可以增加百分之五十的分销流量。”

行政小刚说：“今年的内部资源浪费很大，明年可以稍微控制下，这里也可以节省出一部分资金。”

你如何把这些方面的汇报，总结成一套可以实施的方案呢？

其实很简单。

首先，为了实现增加利润这个目标，我们可以从开源和节流两方面入手。

能实现开源的方法有：增加市场投放预算、增加分销合作渠道、上线新产品、提升口碑推荐量。

而能实现节流的方法则有：减少内部费用损耗、提升销售转化率。

然后，再将每一项目标进行细分，单独制订每个小目标的具体方案。

这样，我们就可以初步构建出一个思维框架，用于指导实际的工作：

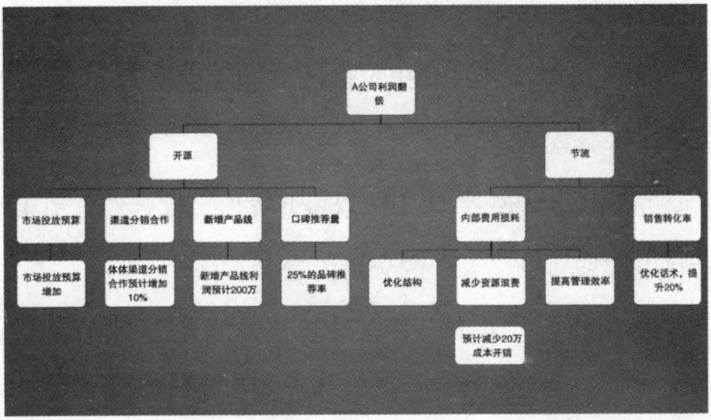

这种思考方式是从目标出发进行倒推，《金字塔思维》中称之为自上而下的思考方式。这种思考方式能帮我们快速有效地针对总体目标，制订方案，解决问题。

还有一种情况，也是我们在日常工作中常常遇到的。

就拿路非烟的例子来说吧。今年二十五岁的路非烟，是一家公司的行政助理。

老板周末打算去北京出差，于是就在周五这天把她叫到办公室，交代她一些事情，希望非烟在他回来之前能够完成。

老板漫不经心地整理着自己的文件夹，说道："非烟，明天我要去北京，帮我订一张明天下午三点左右的机票，同时帮我把酒店安排好。

“还有，我不在的这段时间，你记得组织一下周一上午的例会。另外有一个客户后天下午四点要过来，你记得负责接待一下。

“对了，周二有集团领导要过来视察，你好好准备一下。到时候你看看能不能布置一下办公室。

“另外就是，我稍后把去北京出差的文件发给你，你帮我准备一下。你待会儿出门的时候再帮我订一杯咖啡送过来。还有，帮我通知一下运营总监王总来一下我的办公室。”

如果非烟按照老板交代的顺序，一条条把事情记下来，很容易遗漏信息。这种情况下，我们也可以利用金字塔思维把任务进行简单的归类：

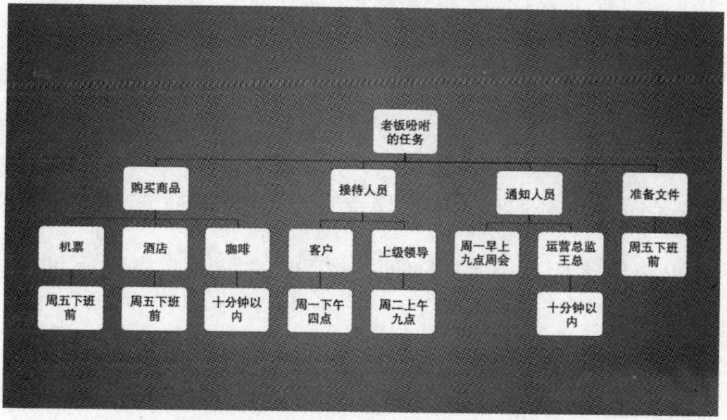

这样分类之后，我们就很容易根据事情的重要紧急程度进行排期，从而高效完成工作了。

这种思考模式，在《金字塔思维》中称之为自下而上的思考方式。这种思考方式能让我们在纷繁复杂的工作中迅速抓住重点，理清头绪。

这种通过搭建基本的思维框架，从而建立不同事物之间的内部逻辑的分析方法，我们就称之为金字塔思维。

金字塔思维之所以那么有效，是因为一个问题产生的原因往往是非常多样化的。

比如一家公司如何在市场竞争激烈的环境中活下去，其实受到很多因素的影响，可能跟市场环境有关，跟人们的需求变化有关，跟内部的管理有关，跟人才队伍的建设有关……

而这些原因，又可能分成更多细小的影响因素。

比如市场环境可以分成：资本的青睐程度，市场上竞品的增加、替代产品的出现，经济大环境等。

公司的生存问题，并不像之前提到的水池水量减少的问题那样简单，因此我们很难通过简单的归因，找到问题的本质原因。

这个时候，我们就可以利用金字塔思维理清逻辑，找到事物之间的联系，寻求一套更完善的解决方案。

从本质上讲，金字塔思维就是一个层层分解的结构化思考模式。这个思考模式一般是由塔尖、塔身和塔基构成。

塔尖就是我们的中心思想或主题；塔身就是构成中心思考或者主题的各个分论点；而塔基则是支撑各个分论点的要素或论据。

在日常生活中，我们一般都是先遇到问题，再分析和解决问题的，所以一般解决问题的思维方式属于自上而下的思考方式。具体来说，分为以下四个步骤：

（一）确定问题产生的背景

比如公司业务发生亏损、老板安排任务、预期目标没有实现。

（二）针对问题，提出核心目标

比如针对公司亏损这个问题，如何在三个月内实现盈利，就可以成为我们的核心目标。

（三）将核心目标进行分解

当我们找到合理的核心目标后，就需要对核心目标进行分解，从而寻求更具体的解决办法。

比如我们可以把公司实现盈利的目标划分为：提高管理效率、减少内部开支、提高产品单价、构建新的业务线等几个方向。

（四）继续分解，直到能够把问题解释清楚

无论在职场中还是生活中，遇到难题的时候，结构化思考都能帮大家拆解问题，一步步实现自己的目标。如果你遇到了工作中或者生活中的难题，可以试试换个角度，或者把自己的思维提升到核心目标的高度去破局，说不定原先的问题就能迎刃而解。

所谓时间管理，就是选择性放弃

执行力就是快速有效完成事情的能力，这句话对吗？

这句看起来正确的话，其实是错误的。执行力是指有效利用资源、保质保量达成目标的能力，指的是贯彻战略意图，完成预定目标的操作能力。

很多时候，我们给自己设定了一个目标后，却发现事情的结果往往如下图所示：

事件A

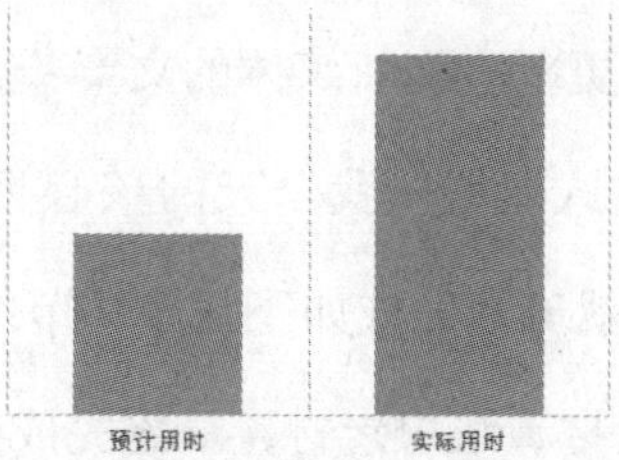

出现这种情况的原因，是因为我们往往会忘记，在做一件事情之前需要花时间去准备。所谓准备，不是让你焚香沐浴，

在工作中注重仪式感，而是要就这项任务和领导进行充分的沟通，从而达到事半功倍的效果。

比如领导让你写一个策划案。你可以先提出关于这个策划案的一些设想，和领导沟通。沟通之后就开始动手制作。做完过后，先不要着急去做其他的事情，自己静下心来，思考这个策划案还有哪些地方是不必要的，哪些地方是还不够详细的。自己进行调整之后，再把策划案提交给领导。

最后，这版策划案有可能只花了你一天时间制作，半天时间修改，总计耗时一天半提交终稿。如果此前你没有就这个策划案和领导进行沟通，而是等PPT全部做完提交之后才根据领导的意见修改，花费的时间则要长得多。做任何工作都需要用心，需要你投入自己的思考，而你在弄清领导意图之前，做的那些思考，统统是无效的，应该舍弃。

再比如同样是更新一篇新媒体的文章：

杨子的思维方式是——我今天的核心目标是更新一篇文章，那么我要按部就班地完成如下几个环节的工作：设计选题、查找素材、筛选素材、组织素材，最终完成这篇文章。

而风小星的思维方式是——今天发的这篇文章，意义在哪里？从这个目标出发，他会去分析发文的目的，去分析文章的受众，去想发文的好处是什么，然后通过目的去确认选题，再去做那些走流程的工作。

也许短时间内，杨子和风小星之间还不会产生巨大的差距，但是长时间积累下来，杨子一定会被落在后面，因为他只是机械地完成发文这件事；而风小星的思维却已经跳出了发文这件事，他看到的是问题的本质。

等到考核的时候，也许你会看到风小星工作的时间比杨子还短，但风小星的工作却更有成效。有时候风小星甚至不需要写文章，他通过约画手、画漫画，也能完成自己的工作任务，这个时候，他其实就已经把杨子远远地甩在了后面。

所以，你应该做的不是埋头苦干，而是停下来思考一下：自己为什么这么累，事情还老是做不完？

如果你面对的是好几项不同任务，道理也是一样的。我们可以将它们分为重要工作和次要工作，再把它们按照紧急程度分为紧急工作和不紧急工作。如下图所示：

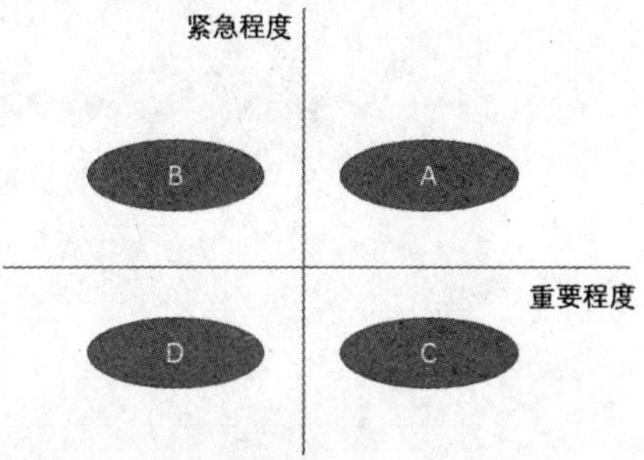

按照优先级排序，A ≥ B ≥ C ≥ D。

这样，你就可以清晰地知道接下来该优先做哪件事情，而不是想到哪儿做到哪儿。

最后，给你一个建议，每天养成一个好习惯：每天晚上工作做完，思考一下自己今天哪些地方做得好，哪些地方做得不好；哪些事情是必须做的，哪些事情却不是必须做的；如果重新来过，要怎么做。然后，把第二天要做的事情大致想一遍，再给自己设定一个目标，哪些是必须要完成的，哪些是你最好能完成，不做也能过得去的——你第二天做事的思路会无比清晰。

如此坚持下去，你会看到，所谓时间管理，并不是让你去节省时间，把自己的生活搞得无比紧张，而是在事前就判断好什么事情重要，什么事情不重要。重要紧急的事情优先做，不重要也不紧急的事情不去做。懂得了这个道理，你很快就能找到工作和生活之间的平衡，高效地完成自己的工作。

Part 3

以终为始：给梦想一个期限，它才会真正实现

有了知识迁移的能力，你可以做任何喜欢的工作

在职场这么多年，我听到离职的人说得最多的一个理由就是："我学了四年的专业，不能说丢就丢……"

听起来，似乎只有从事自己专业相关的工作，才不算浪费了自己的专业。

可是，扪心自问一下，大学四年，你认真对待过你的专业吗？

如果你觉得自己没有虚掷光阴，那我再来问问你，你在这个专业学到的核心能力是什么？延展能力又是什么？你知道怎样运用这些知识吗？

如果你有足够强的知识迁移能力，为什么不愿意跳出自己的专业，看看更大的世界？

我曾经问过几个所谓"科班出身"的同事：在他们的眼里，

课本上的知识能在工作中用到多少？

他们给到我的回答是——不到百分之二十。也就是说，如果把大学四年折算一下，只需要一年不到的时间，别人就能轻松复制你的专业知识。

所以说，不要让专业对口，成为逃避求职失败的借口。

比起专业，企业更看重的是一个人的态度和潜力。

曾经有一家公司，要求员工入职之前走一万步，并且在微信运动中晒出来。很多人质疑这个要求，觉得没有意义，但这家公司的CEO（首席执行官）固执地说："这代表了这位员工有为工作付出的诚意。"

我们常常见到，学生物的做营销，学土木的做金融，这种跨专业择业，并不是什么罕见的事。

再给大家举几个跨专业成功的例子：

小马宋，现在是营销领域的"牛人"，但在刚毕业的时候，他干的是烧锅炉的活儿。在自己的兴趣爱好和专业面前，他选择了坚持自己，成了知名的创意总监，还开了自己的公司。

Spenser（陈立飞），年入千万的职场作家，香港第一自媒体。最初他只是一名普通的英语老师，因为觉得当老师没意思，辞职去香港进修，创办公众号——Spenser，现在一堂写作课轻松就能卖出上百万。

锤子手机创始人罗永浩，当初他连像样的工作都找不到，后来通过苦学英语，进入了新东方，才逐渐有了名气，获得了投资，创建了自己的公司。

他们为什么就不会被原有的专业局限呢？

在接触了数十位成功的跨界者后，我发现，选择适合自己的路，会让你感到更幸福。优秀的人，从来不担心跨界和转行，因为他们清楚地知道，自己想要什么样的生活。

比起这些真正厉害的人，很多人努力的程度，还远达不到拼专业的时候。

有时候，我们远远高估了自己的专业知识，也高估了自己的专业度。

所以，为什么要把自己局限在专业对口里？

如果你不是那么热爱自己的专业，请给自己一点机会去尝试其他行业，只要你拿出认真的态度，一定会有老板赏识你，给你一个锻炼自己的机会。

前段时间看古典老师的《拆掉思维里的墙》，里面有一句话我很欣赏：成长，就是长成自己的样子。

我们很容易被自己过去的经历、眼界、知识所绑架，在尝试之前就先否定自己。而人生真正的幸福和快乐，其实来自生命的底层欲望，也就是不断探索新世界的好奇心。

不断去尝试，然后去接近心目中的那个自己，专业不对口，那又怎么样？大部分的人，没能在自己的第一份工作中找到自己奋斗终生的目标，难道他们就不行吗？

从小我们就被父母教育，要好好读书，将来考上好大学，读个好专业，找份好工作。于是，我顺着父母的思路，成功地考进了985学校的土木工程专业，我也曾经以为，自己会顺理成章地成为工程师。可惜我错了，我慢慢明白，我并不喜欢所谓的建筑工程，也不想按部就班地度过自己的人生。

我努力学习，甚至放弃了保研的机会，只不过是想要证明：脱离了自己的专业，我照样能够活得很好。

对于很多人来说，可怕的不是找不到专业对口的工作，可怕的是你没有找到，也没有想过要找一找自己的核心竞争力。

论专业知识，比不过学霸；论社团经验，比不过学生会的干部；自命清高，以为机会会向自己倾斜，实际上呢？

当学霸在自习室奋笔疾书的时候，你还在寝室打游戏、看电视剧；当社团干部在组织各种活动的时候，你在寝室睡觉；

当部分同学开始创业的时候，你嘲笑别人不务正业……

到了毕业的时候，学霸保研了，社团干部录用通知拿到手软、在十几份工作中挑选自己最满意的，而你呢？

拿着一份没有亮点的简历，编造了几句自己都看不下去的谎言，你会觉得找个专业对口的工作，真难！

究其一点，人和人之间的差距，并不是专业知识带来的，而是思维方式和认知方式造成的。当发现自己不怎么喜欢本科专业的时候，有的人选择坚守，让自己麻木；有的人选择离开，去寻找新的方向。

所以，没必要一边抱怨着工作难找，一边又放任自己的堕落。难道你就没有从另一个角度想过，专业不对口，不一定是一件坏事。但前提是，你真的想清楚了，如果从事了你将要选择的行业，十年后的自己会是什么样子。尽早找到真正的自己，比找到所谓好工作更重要。

真正现实的目标，都自带执行方案

有一次春节的时候，我的网友赤晴岚在QQ群里自豪地晒出书单，清点了自己过去一年内读的书，数量不多不少，正好二百本。

我好奇地点开这份书单一看，发现这份书单里有通俗心理学的，有管理学的，有侦探小说，还有几本流行的青春文学。她还立下了志愿，说来年想读三百本书。

我佩服赤晴岚的自控力，不过，这样漫无目的地读书，真的会有收获吗？

后来我发现，她和群里喜欢读心理学的其他朋友，根本交流不起来。别人在这个领域，懂的比她多太多，不管提到什么心理学家，她都插不上话。其他话题也是一样。我有点替她着急，这样读书，要多久才能进步呢？

美国的公共管理学家马里恩（E. D. Marion）曾经提出过一种理论，叫作LOE理论（level of effort投入水平），这种理论的核心观点，就是总体目标下的任何分目标，都应该为总体目标服务，这种情况下你的努力才是有效努力，而不是一种低水平努力。

但其实很多时候，我们都陷入了低水平努力的误区。难道看书就是越多越好？难道一本书就一定要看完？难道订阅的专栏就每篇必看？

真正厉害的人，会对自己的学习目标越来越清晰，不断收获反馈，获得学习能力的成长和升级，而不是毫无重点地乱看一气。

我发现，目标感强的人，总能给自己设定出一个非常现实的目标，并坚定不移地执行下去。

美国的苏鲁什·顾德思（Soroush Ghodsi）只有十四岁，但他已经创业四次了。

从他八岁的时候起，他就开始学习儿童编程软件“抓抓”（Scratch），有意识地把所有的零用钱都投到了游戏开发上。他把这些用“抓抓”开发的游戏放到网上出售，然而购买者寥寥无几。

顾德思没有气馁，他开始学习成人编程软件派松（Python），向亲朋好友融资，在十三岁的时候创立了丝谛科技（Slik Technologies），为图片拍摄提供技术支持。这一次，他终于获得了成功。

在同龄人当中，顾德思已经尝试了很多人想都不敢想的事情，他虽然年纪不大，但坚持创业已经有五年，说明他最初的创业并不是一时兴起，而是有目标地规划出了一套方案，有计划地进行尝试。

但很多人会陷入一个误区：我提出目标，不管这个目标是否合理，是否能执行下去，我都一定要坚持，否则我就是个彻头彻尾的失败者。所以很多人才会问我类似下面这样的问题：

我看了三百本书，结果有一半的书是自己不需要看的，那还要再看下去吗？

我报名参加了某线上课程，听了一半之后，觉得自己看相关参考书就可以了，那么为了避免浪费钱，还要继续听下去吗？

如果我给自己定了目标，要今年考上硕士，结果发挥失常，落榜了，那么我就要很难过地放弃吗？

每个人的努力，都是为了实现某种目标；只可惜，没有人能够完全掌控自己的人生，总会有一些超出预料的事情发生。

那么，面对暂时的挫折，我们应该怎么办呢？

比起一筹莫展、不知所措，为什么不尝试分析一下自己没有完成这个目标的原因？到底遇到了哪些不可解决的问题？能否通过一定途径去解决？能否重新调整目标去完成？是你的执行有问题，还是目标本身就出了问题？

比如假设你的最初目标是读完三百本书，那么只要你适当地浏览一下，知道每本书的内容自己是否感兴趣，而不是单凭标题和别人的推荐就一股脑读完，那么你可能选择其中二十本，甚至十本去精读，最后你的收获会比慢慢读完三百本书多。

另外，不论学习还是工作，一定要给自己反馈，而且是正向的反馈。比如你给自己定计划，每天要跑五圈，结果你今天只跑了三圈，但其实昨天跑得更少，只跑了一圈。所以，你要奖励一下自己的进步，然后去制订一个更符合实际的目标。

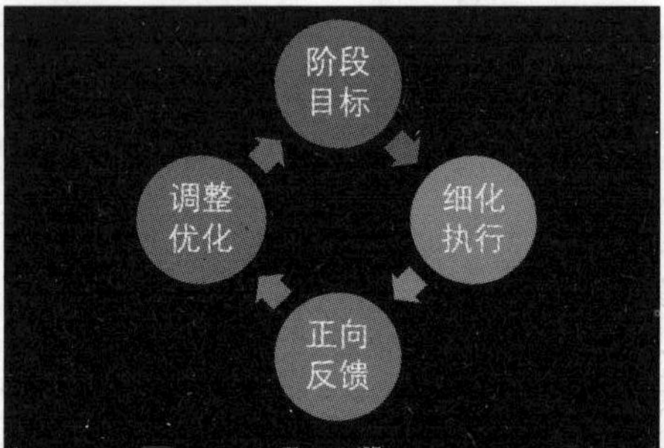

图：little强

所以，仅有一个空洞的目标是不够的。真正厉害的人，会对自己的目标进行阶段细分，并在执行的过程中不断调整这个目标，把目标变得越来越现实，这才能建立自我鼓励的良性循环。

大部分的人都有自己的目标，可真正能做到这一点的人，只有一小部分。

在这里，我愿意分享个人的一些小技巧，来帮助大家利用目标感来推动自己，制订可执行的方案，从而达成更高的人生成就。

第一，找到自己的最终目标，并以此为依据，倒推对能力的需求。比如想要在五年内成为管理二十个人的团队负责人的话，需要具备哪些能力——是领导力、团队协作能力、专业领域能力还是沟通能力，并且找到这些能力当中，自己和目标有差距的地方。

第二，把总体目标分解成阶段性目标。比如三年内成为分部的经理，管理五个人，成为细分专业的专家；五年内横向拓展并且寻求纵向发展，成为二十个人团队的负责人。为了实现这些阶段目标，你要得到业内哪些人的承认？是否需要跳槽才能实现这些目标？

第三，找到最近的阶段目标，再次细分。比如一年内达到专业领域精通，成为细分专业的核心，那么需要哪些能力，达到什么样的水平，需要学习哪些东西，一年时间是否足够？需要付出多少额外的精力？需要看多少本专业书籍？需要进行多少次练习？

所有你真心想完成、真正能完成的目标，都自带一套可调整的执行方案。想在成长道路上做一个有目标感的人，就不要让那种大而空的目标增加你的焦虑感，把它拆分成一个个的小目标吧！在前进的道路上，每完成一个小目标，就给自己一些适当的鼓励，形成心理上的良性循环，这样做下去，你的目标终有一天会实现。

在一个面上看趋势，在一个点上做自己

在毕业之初，相信很多人都问过自己这个问题：我该找一份什么样的工作?

但很少有人会问：我该选择一个什么样的行业?

其实，选择行业比选工作更重要。

行业，才是限定你的职业天花板的关键因素。

例如你选择了一家行业下游的公司，这个行业的总规模只有十亿元。这个总量分流到各个公司，可能人均收益的天花板就只有十万元。这个数字，就会成为你成长的天花板，你再努力都没办法突破。因为市场需求和规模只有这么大，人均效能上不去，未来发展必定受限。

如果你选择一个行业上游的公司，市场规模是万亿级的，那么在这个市场上，你发挥能力的空间就是前者的上千倍；当你达到某个高度的时候，你个人掌控的资源甚至会超过一

些小型行业的总量。

这种天花板，是各行各业真实存在的，也是每一位职场人在择业时需要考虑的。进入一个未来发展前景巨大的行业，你不一定是最厉害的，但也许你的发展，会比某些行业最厉害的人还要好。

所以，我建议应届毕业生选择工作前，一定要先选择行业，因为这直接决定了你未来的天花板。

之前来找我咨询的一位往届毕业生，他非常向往能够去腾讯或者阿里工作，但是由于本专业是机械，只好委委屈屈地选择了机械行业。

机械行业的平均薪水不高，看看自己同年毕业的校友，已经是阿里P7（七级技术岗），未来还有更高的发展空间，他心里很不是滋味。

因为行业壁垒的存在，工作几年后的他，没有勇气转行，在本行业发展又不是很顺，每天上班都心不甘情不愿，却又不得不去，只好得过且过。

这样的前车之鉴，说明找一份好工作的最佳方法，莫过于先选择一个好的行业，然后坚持下去。

我也会用实际的案例来证明，为什么应该优先选择行业。

一个是我自己的案例。我毕业之后进了一家建筑业的世界五百强企业，只听这个条件，感觉还挺厉害的。

但实际上，这家公司做的是产业链最下游的业务，说白了就是房屋的建筑生产。拿制造业类比，就相当于是一家生产房屋的大工厂。所以，公司的利润率始终比较低，再加上建筑业的生产效率问题，人均产值不高。

这也就造成了整个行业实际上从业人员很多，水平却参差不齐，虽然我们常常加班，有时候还要在户外工作，但是收入水平真的不怎么样。

后来我痛下决心转行互联网，不到一年时间薪资就翻了三倍，而且还在不断增长。

这是因为，在互联网上，任何人都可以将个人才华发挥到最大化，从而创造更高的人均价值。所以我在一年时间内积累了数万粉丝，也顺利获得了更多合作机会，实现了收入的快速增长。

究其原因，我只不过恰好进入了一个正在成长的行业，又恰好做了一些时下高价值的事情，所以才实现了收入的不断增长。如果我还留在原来的行业，即便公司再强，跟我也没有多大关系。

再举一个例子说明行业的重要性：2017年是分享经济大火的一年，我一个朋友在这一年投资了几套民宿，一个月的营业额就有将近十万，算下来净利润也有四万左右，相当于很多人大半年的收入。这就是眼光精准带来的收益。

所以，在进入一个行业之前，首要考虑的是这个行业是不是正处于上升期，如果这个行业好了，即便你进入的不是这个行业最知名的公司，你也可以通过跳槽谋求更好的发展，或者跟着一家潜力巨大的创业公司一起成长，也能实现自我价值的不断提升。

当一个行业向上发展的时候，各个企业为了发展，也会开出相应的高薪来留住人才，所以整个行业从业者的收入也会水涨船高。

但需要注意的是，并不是进入一个快速发展的行业，就可以高枕无忧了。比如大家都认为互联网行业是朝阳产业，但是互联网公司一样会细分出很多岗位，并不是每一个岗位都很有发展前景。

不同岗位之间，同样存在着难以突破的壁垒。

例如互联网公司核心岗位有技术开发、设计、运营、市场、产品；服务型岗位有客服、行政、人力资源，服务型岗位的玻璃天花板，显然要低于核心岗位。

因为核心岗位要对整个产品和业务负责，风险最高，收益也和风险成正比。如果你希望能在职场上有更高的发展，进入核心部门必然比进入服务型部门要好一些。比如同样是做运营，在一家新媒体公司做，你的岗位就是核心岗位；但如果是在一家果汁公司做，你的岗位就是服务型岗位。

当然，岗位选择仍旧和行业密切相关。比如同样是做销售的，快消品的销售和地产的销售可能差距很大，这是行业之间的壁垒造成的。

所以，你想要在职场上有所建树，其实我个人建议你先选择行业和岗位，其次再选择公司。

那么，要如何去选择一个行业呢？

现在的行业数量比较多，一个个去选择不现实，也很难有什么针对性。所以首先要给行业进行分类。我把所有行业分为支柱行业、功能行业和催生类行业三类。

一、国家支柱行业，比如能源、矿产、房地产开发等。这些行业中，大型国有企业较多，也有部分发展不错的私企。

如果选择这类行业，优点是未来你的个人发展一般会比较稳定，缺点是很快就会遇到职业天花板。

支柱行业随国家政策而兴，随国家政策和市场需求而落。在现阶段“互联网+”的趋势下，越来越多的传统支柱企业（如钢铁行业）出现下滑。拿建筑业为例，从2015年开始，房屋建筑行业开始出现下滑趋势，整个建筑行业转向基础设施建设、跨国服务和维护改造等业务。

所以，我们在选择一个行业的时候，要从当前的经济形势出发，去判断这个行业是否会有持续的活力。

二、功能性行业，比如医生、教师、工程师等。功能性行业对专业性要求相对更高，一般是做的时间越久，你就会越有价值。在这个领域，从业人员通过不断积累经验，来获得职业发展。

三、催生类行业，比如由“一带一路”政策催生的行业。催生类行业是在某种产业转型下驱动产生的行业。由于这类行业是新生的，这就意味着这样的行业相对开放，横向和纵向都有发展的空间，个人能力会随着行业的快速成长得到最大的释放，更适合希望自己的想法和能力能够尽快得到施展的求职者。

但需要注意，催生类行业也在不断地更新迭代。就拿互联网行业来说吧。2016年以前，是微信等自媒体的红利期，但现在已经有了微信等平台“红利期已过”的说法；2016年也是知识付费元年，2017年很多做自媒体的公众号开始转型做知识付费。随着时代发展，今后有可能还会产生其他领域的红利期，比如物联网红利、人工智能红利……

在催生类行业，你必须一直和新事物保持接触，不停地学习，落后了就会被市场淘汰。

结合自己的实际情况，选择一个自己喜欢的行业，只要大方向是正确的，在这个行业坚持下去，相信总有一天，你会取得丰厚的回报。

靠谱，是你获得成长势能的先决条件

最近，某期综艺节目中，SOHO（房地产开发公司）中国董事长潘石屹的表现，给我留下了非常深刻的印象。

节目中的潘石屹，完全没有上市公司董事长的架子，反而表现得非常“接地气”，亲自动起手来做了一个鸭舍，还答应帮张继科做一个木球拍，帮何炅做一个木话筒。

原本我们都以为这不过是节目效果，谁也不会真的动手做，没想到潘石屹回去之后却把两个小玩意儿都做了出来，而且做得非常用心。

我想，这大概就是我们称之为“靠谱”的优秀品质吧。“靠谱”的人，不会轻易做出承诺，但承诺之后，一定会想尽办法做到。

其实，工作中经常会遇到被不靠谱拖累的情况。有时候我们会觉得，公司似乎太苛刻了：明明只是一个小错误，也没造成什么损失，但是却被公司扣钱；明明只是开会迟到了，为什么我还要写检讨……

后来，我才慢慢想明白了这件事情：其实，很多时候，小小的一次不靠谱，也可能会酿成大错。

比如在项目招投标的时候，也许只是因为一个错别字，甲方就有理由拒绝业务往来，因为对方觉得你不够专业。

会见重要领导的时候，如果迟到了，对方可能会直接拂袖而去，损失无法估量……

所以，很多时候一点小小的不靠谱，就是职场最大的禁忌。

前段时间，我和一个朋友合作一个项目。合作期间，她每次都会提前一天把计划准备好，并且在头一天晚上和我讨论，即使再晚也会坚持，以保证第二天的计划能顺利推进。

坦白说，和她合作真的挺累的，但是却能够保证很少发生失误，将出现损失的概率降到了最低。

最后项目执行下来，甲方非常满意，表示愿意和我们对接更多的项目。

我跟她开玩笑说："像你这种人，即使不自己创业，也一定会成为老板的心腹。"

我相信有很多职场上的"牛人"都会告诉你：你要学会

专注，要提升自己的世界观、格局，要提升自己的战略思维能力，要构建自己的底层逻辑，要精通某种技能……

但很少有人告诉过你，其实做一个靠谱的人，让老板放心，也许才是职场中最稀缺的能力。

能力强的人很多，但真正能够把事情做得又稳又好的人却很少，这一点我自己也深有体会。

在某大型建筑公司工作的时候，我做的是技术工作，也就是每天对照图纸，然后出具可实施的方案，再让执行部门按照方案执行；同时作为效益部门的员工，我也肩负着发现方案漏洞、进行技术创效的工作。

这项工作对于新人而言，技术含量并不算高，每天大部分时间都在研究图纸、技术和规范，也正是因为这样，大部分同岗位的同事都是在混日子。

但我真的照着岗位要求做了，每天对着规范研究。结果，我真的发现了很多图纸的漏洞，修改了方案，为项目多争取了几百万的利润。所以后来我提出离职的时候，项目经理觉得非常可惜。

所以很多时候，靠谱是个态度问题，跟能力没有太大的关系，成为一个靠谱的人，也并不十分复杂。

那么，如何才能成为一个靠谱的人呢？可以试试做到以下几点：

（一）合理评估自己的能力区间

其实，很多时候我们做出不靠谱的行为，原因就在于最初决策的时候，没能合理评估自己的能力区间。

比如和朋友约好十点半见面，但是因为自己没有自制力，喜欢赖床，已经快十点了还没能出发。朋友打电话过来，你才连忙解释，要朋友等你。

等到见了面，朋友也许并不会当面责怪你。这会给人一种错觉：偶尔一两次不靠谱，好像也没有什么损失嘛！

但是真的是这样吗？

当然不是，因为只要养成了不靠谱的习惯，你在别人心目中的印象就会变差，以后约你的时候可能故意迟到，甚至不再约你。

所以在做出承诺之前，一定要合理评估自己的能力，实在不行可以提前告知。不要轻易做出承诺，一旦做出承诺，就要想尽办法落实。

（二）预设后果，从而避免不靠谱的事情发生

很多时候，我们做出一件不靠谱的事，是因为我们没有

去考虑，自己一旦这么做了，会产生什么样的后果。

比如因为生气而草率做出决定，甚至把东西乱扔乱砸、丢到楼下。

事实上，很多时候这种苦果都得自己承担，如果能提前多想几秒，那么在行动之前就会有所顾忌，决策的时候就会更加理性了。

（三）做好时间管理和目标管理

不靠谱的终极解决方式，就是做好时间管理和目标管理，更好地掌控所有事情的节奏，让工作和生活更有条理，从而减少发生“意外事件”的可能。

在职场上也是如此。你能够尽全力完成自己的阶段性目标，老板就会更加信任你。

虽然老板没有安排你去做某件事情，但是你自己有想法，就可以花时间去尝试，等到这件事能看出结果，收到反馈意见的时候，你就可以告诉老板你做了这件事情、效果如何，再去向老板申请权限。

反之，如果你只是空有一些设想，等到和老板讨论完了，又执行不下去，就容易给人留下不靠谱的印象。

当你能主动为自己设立工作目标，又能够想方设法去完成，这就需要你既有大局观，又能把控各个细节的执行。你坚持做一个靠谱的人，时间长了，你一定能得到更大的晋升空间。

总之，“靠谱”是你获得成长势能的先决条件。“靠谱”看似不难，但长期稳定的靠谱，也是一种稀缺的能力。坚持这种态度，最终你会成为不可替代的人才。

Part 4

能力变现：在高价值区做正确的事

老板合不合得来，入职前就能看出来

我的朋友墨雨，曾经接到过一家大公司的录用通知，薪水待遇、地理位置、工作内容，都让她很满意。但墨雨最终却没有选择这家公司。她说，自己去参加最终面试的时候，注意到一个细节：老板一进门，就立刻有员工迎上前去，接过他刚刚脱下的外套，挂在衣帽架上。

墨雨对我说："看到员工接过老板外套时那种流畅自然的动作，我就不禁会想，像我这样不善于拍马屁，凭实力吃饭的员工，老板会喜欢吗？"

墨雨的选择是对的。找工作，一定要找一个合得来的老板，这会让工作简单很多。有一句话说得好："跟对人比做对事更重要。"

在合适的企业文化中，你会如鱼得水，获得更快的成长。

反之，如果你不认同公司的企业文化，就很有可能又忙又累，最终一事无成。

有些人会觉得，企业文化不就是一句口号吗？实际上不是这样。

企业文化是企业总体价值观的体现，也在一定程度上反映了老板的为人。

你选择一家公司，是因为认同这个公司的做事风格、思维方式，认同首席执行官的为人。有了一定的工作经验你就会发现，有一个三观很正的老板真的很重要。

如果你选择了入职一家创业公司，一定要关注创始人的格局和能力，因为这很可能关乎公司的生死存亡。

同理，在选择跳槽的时候，一定要看直属领导是否有足够的格局和能力带领这个团队前进，是否能让你的身价增值。

去年11月的时候，有一位互联网公司的朋友跳槽去了传统行业，做传统业务的线上营销，薪资增长了百分之五十。

原本这个朋友挺高兴的，但是随着他真正进入公司才发现，虽然薪酬涨了，但干得却很不开心，因为这家公司的领导做决定的时候更喜欢依靠经验，拍脑袋做决定，缺乏互联网数据思维。这导致他在工作上无法发挥自己的能力，每天都过得不开心，待了不到一个月就离职了。

有时候看似不重要的价值观，却直接决定了这家企业的做事风格，所以，一定要在你的承受范围内，选择自己可以接受的。

当然，除了老板本人的风格之外，你在选择要不要进一家公司的时候，还应该弄清楚以下这些具体问题：

1. 公司现阶段是不是有明确的盈利模式，或者说是否已经开始盈利。

任何人开公司的目的都不是为了做公益，你首先需要选择一个起码能够养活自己的老板，这样老板才能养活你。

2. 公司的产品规划是否足够清晰。

对于一家公司而言，仅有盈利是不够的。说白了，摆地摊也能赚钱，但你不会跟着摆地摊的老板干一辈子。有格局、有长远眼光的老板，会有清晰的产品规划，这样你才能弄清自己打算在公司干多长时间、发挥什么作用、计划做到什么职位。

3. 公司是否足够重视人才。

如果一家公司招人进去，只不过是为了赚快钱，老板不重视培养人才，甚至是喜欢搞派系斗争，那么这类公司就是不值得去的，这样的公司未来也很难有长远的发展。

那么，如何在求职初期就对这些具体问题有初步的了解呢？

其实，在各大社交媒体、网站，都可以搜集到很多关于目标公司的信息。像“天眼查”这样的手机应用，会显示出一家公司是否存在法律上的纠纷，这样你就可以对老板的人品有一个基本的判断。

除此之外，“天眼查”这类应用都会显示出老板的姓名，很多老板都注册了微博账号，你还可以顺藤摸瓜查到首席执行官的社交媒体，看看他平时都推送些什么内容，这样就可以从侧面了解他的想法和处事风格，避免遇到一些“雷人”的老板。

在面试的过程中，你还可以通过实际接触来了解这家公司的风格，这样就会尽可能选中适合自己的公司。

除此之外，对老板的能力进行预判，也是选择工作的重要因素之一。

有的人，遇到公司业务低迷时期，选择离开公司，结果由于老板的个人能力，公司几年后迅速崛起，通过了IPO（首次公开募股），曾经留下来的老员工凭着手中的股权，瞬间成为千万富翁。

有的人，在职业选择关键时期选择跟着老板，留在没有发展前景的岗位上，结果三十多岁的时候，由于公司业务萎缩，他也遭到了淘汰。离职之后，由于原本的技能已经落伍，也很难找到新的工作。

人生没有“如果”，但这也恰恰是人生最精彩的地方。

也许，判断出老板的能力并不是那么容易，但找到一个三观一致、踏实靠谱的老板却并不难。求职者只要在求职的过程中恰当使用我说的这些方法，就可以避免许多无谓的挫折，少走许多弯路。

再有能力的人，也要找对人生的主战场

最近，我在浏览新闻的时候，注意到了两条不同的信息。我被这两条信息之间的强烈对比震惊了。

第一条信息是这样的：智联招聘发布的《2019年大学生求职指南》显示，本届大部分毕业生的期望月薪为六千到八千元。

第二条信息是：腾讯发布了2019年第一季度的财报，数据显示腾讯当下有5.46万雇员，总薪酬成本116.16亿元。按照这个薪酬成本，除以腾讯的员工总数，你会发现腾讯员工的平均月薪是7.09万元。

这种用总数除以人数的算法，被很多腾讯在职员工笑称“被平均了”，因为企业的人力成本，除了工资，还有社保、公积金、奖金、员工福利等，实际人均拿到手的数字远远达不到七万。

但即使如此，腾讯员工的平均收入也远远超出了社会平均工资，应届生年薪也能够轻松达到二十多万，比起2019年应届生的平均薪资，高出了很多倍。

这种看似差不多的工作经验、能力，但待遇天差地别的情况，真的很常见。

我大四找工作的时候，去参加一家企业的宣讲会，上面站了很多已经功成名就的学长学姐，其中有一位学长说过一句话，我至今没有忘记：

“不要相信是金子总会发光的，很多时候，平台比你想象的更加重要。”

后来，我才深深体会到了这句话的含义。

毕业那年，我们同一个班的同学各奔东西，有的去了国内知名房企，有的奔赴一线施工单位，有的则选择了设计院，一年以后，当大家在微信群聊到各自的状态时，我才发现人和人之间有那么大的差距。

那个去了知名房企的同学，毕业实习起薪八千元，两年后升职为一线经理，一年薪资在二十到三十万之间。

而选择一线施工企业的同学，毕业后月薪三千，很多到现在依旧只能拿着五千的薪水。

是因为他不够努力吗?

并不是的，实际上后面这一位同学要努力得多。

他每天早上六点多起床，奔波于工程现场，要负责整个工程的方方面面，在外辛苦一天，直到很晚才能回来休息。有时候遇到赶工期，连夜浇筑混凝土，一干就是一整个通宵，第二天上午简单休息休息，又要开始连轴转的工作。

看起来很不公平对吗?

明明更努力，但付出却和回报不成正比。

这是因为处在行业下游，不管在世界任何国家，下游企业的整体薪酬是很难和上游企业竞争的。

这就好比富士康和苹果之间的差距：生产一台苹果手机，富士康需要搭建生产线、招募工人，但是一台手机的代工费只有几十块钱。

而相比之下，每售出一台苹果手机，苹果公司就可以拿到一千元以上的利润。根据美国商业资讯机构公布的榜单，苹果以人均创收两百零一万美元位居榜首。

根据财务数据，富士康的人均利润只有六万人民币，和苹果的差距接近五十倍。

这说明，一方面上游企业占据市场领先地位，可以优先制定游戏规则，因此同样的人做同样的事情，能够得到更高的产出。而下游服务商，由于规模小、利润薄，即使付出再大的努力，也很难获得同样的回报。

马太效应里“强者愈强，弱者愈弱”的原理，在企业之间的竞争中同样适用。时间和努力，从来都不是衡量回报高低的标准，你所掌握资源的价值才是。

2017年，我辞去了央企的工作，加入了互联网大军，入职了一家处在A轮融资阶段的创业公司。

这个阶段是我工作以来最痛苦的阶段。

以前在央企的时候，我从来不用担心钱和资源的问题，需要的时候，直接向公司申请就能拿到。而到了创业公司的时候，我悲哀地发现，什么都得省着用，每一分钱都必须花在刀刃上。

以前在央企的时候，公司会定期组织培训，例如可以花几十万的资金，请业内专家分享经验；有完善的管理体系培训、完善的导师带徒制度……然而在创业公司的时候，创造业绩比什么都重要，至于学习，只有自己咬咬牙，花钱去进修。

那个时候，我有一种深深的无力感。为了做出业绩，我晚上没少花时间琢磨，才找到了提高业绩的路子。一个人脱离平台后，为了达到同样的效果，只有付出比在大平台更多的努力。

我有一个学弟，跟我一样是土木工程毕业的。

毕业后，他去了一家做造价的公司，月薪三千元，在那边苦苦挣扎了一年，却看不到提升的希望。

2017年，他一狠心，选择了自学程序设计，终于入职了一家做软件开发的公司。两年后他来找我，告诉我他入职了联想公司，做机器视觉板块的工作，年薪三十万元。

相比之前做造价的时候，他的收入在两年时间内直接翻了十倍。

我一细问，才知道他一直默默自学人工智能领域的技术，刚好赶上今年各大公司加大了对人工智能技术的投入，他才得以成功入职。

其实很多程序员跟他一样，起点并不算高，甚至是转行过去的。

但最终决定两个人差距的，是你到了哪个平台。

同样是机器视觉，在很多二线城市，可能连工作都找不到，而到了大公司，却是稀缺的技术。这是整个大环境给个人的“赋能”，不是单独一个人靠自己的力量可以改变的。

不过，创业公司也有创业公司的好处。在世界五百强公司，企业制度已经相当规范，你个人在某个垂直领域能得到很多锻炼，可以在几年内成为某个领域的专家。缺点是，你了解不同岗位的空间非常有限。比如某领域技术工程师，可能一辈子就只有一个身份，就是技术工程领域的技术专家。

如果你想深入了解不同岗位，希望自己在未来创业或者成为企业经营者，你也可以选择创业公司。

在创业公司，最初你一个人可能会做好几个岗位的工作，比如你可能同时是产品经理、营销，甚至客服。但在你加入的创业公司慢慢壮大之后，你就可以脱离原先的技术岗位，开始考虑公司架构方面的事情。在创业公司，你甚至有机会成为合伙人，这是任何一个世界五百强企业都难以给你的宝贵经历。

所以，选择世界五百强企业还是创业公司，要看你个人的选择。

你可以用表格罗列出来自己在选择工作时，主要看重的因素。在列出来各个因素之后，对不同的工作进行评分，你比较在意的因素，比如“离家的距离”，分数就打高一些；很难接受的一些因素，比如“没有发展空间”，你可以打负分，最后可以得出一个总分，这样就能很方便地计算出不同工作在自己心目中的权重。

当然，这些评分，只不过是你自己主观评比得出，比如公司前景、个人成长这些内容，经常是无法用准确的标准来衡量的。

需要注意的是，在选择工作的时候，钱不是第一位的。

相信大家都听说过“李叫兽”李靖，他在二十五岁就成为百度有史以来最年轻的副总裁。

但你或许不知道，他在大三的时候就参加过很多一线互联网公司的面试，而这些公司无一例外地都拒绝了他。他在无奈之下，选择了保研清华大学，读研期间拒绝过年薪三百万的录用通知书，一心一意办起了公众号“李叫兽”，每周发一篇文章，表达自己对某个营销问题的新思考。

后来，由于李靖在营销领域的深度思考，这个公众号慢慢火了。2016年12月，百度斥资一亿，收购了“李叫兽”这个公号；而李靖本人，也成为百度史上最年轻的副总裁。

如果李靖在三百万年薪面前动了心，可能我们在营销领域就失去了一批颇有见地的妙文，而李靖也失去了一个证明自己价值的宝贵机会。

同样，对于处于择业期的青年朋友来说，如果你只看重未来一到两年的收入，追求稳定，那就很有可能断送掉未来的可能性。毕竟人生几十年，你需要看重的不仅仅是收入，还有很多其他的价值。

所以，我建议大家在刚刚进入一个行业的时候，不要太在意待遇问题，更多地把关注点放在个人的发展和学习上，打造你未来的核心竞争力。

希望大家都能够找对自己人生的主场，将自己的能力应该用在对的平台上。

想快速增值，先要学会给价值做乘法

有本很著名的书，畅销了十几年，仍然长盛不衰。如果你关注经济管理领域的知识，就一定看过这本书，书名叫《穷爸爸，富爸爸》。这本书归纳了不同人群赚钱的几种方式，并且把他们划分为雇员、自由职业者、雇佣者和投资者。对于这四种人而言，给自己增值的方式是不同的。

下面，我就来详细分析一下，在这样一个网络时代，如何运用《穷爸爸，富爸爸》中的原理，为自己创造更多收益。

（一）靠贩卖时间或劳动赚钱

"靠贩卖时间或劳动赚钱"，也就是我们常说的打工。打工的本质，就是把自己的劳动时间出租给公司，通过输出劳动来赚取收益。

这种模式的特点是，由于工作岗位的长期性，你在很长一段时间里能过上稳定的生活，但是一旦你不再工作，收益也就停止了。

在这种模式下，想要提升收入，就要增加工作时长。

假如你现在月薪五千元，但这份工作相对比较清闲，那么你可以考虑同时做两份兼职，把工作时长从原来的八小时提升到十六小时，同时，你的月收入也可以提高到一万五千元左右。

想要给自己的价值做加法，你只要找到合适的兼职平台即可。

比如你可以上Boss直聘，直接和老板聊合作；也可以找行业社群，直接接“私活”。

这种模式对于遇到职业瓶颈的专业型人才，例如设计师、程序员、工程师等，是一个增加收入的好办法。

但这种模式也有它的缺点：靠这种方式增加收入，实在是太辛苦了。有些读者会问，如果我不想无限制地延长劳动时间，但又想提高自己的个人价值，那要怎么办呢？

其实，除了延长劳动时间外，你还可以提升单位时间内得到的价值回报。时薪的提升是绝大部分职场人赚钱的路子，所以在这里重点分享一下，提高单位时间收入的两种方法。

（1）为更大的平台工作

大平台永远是你升职加薪的最佳选择。在一个大平台，你即使做的只是一些小事，也同样能创造更高的价值。

就好比同样是做增长的，你在一个千万级的平台做增长，提升了百分之五的转化率，最终可以帮助平台额外获取五十万元的收益，那你的月薪可能是五千元。

而如果你在一个十亿级的平台做增长，提升了百分之一的转化率，最终可以帮助平台额外获取一千万元的收益，那么你的月薪可能是五万元。

你为大平台做的一个小小改变，也许就能创造出千万级的价值，这为你造就了提升单位时间内收入的机会。

（2）掌握稀缺技能

现在有很多初入职场的年轻人来找我，说找不到职业的方向，希望我能给他们一些职业上的指导。

我会告诉他们，首先想清楚自己的方向。千万不要只顾着看短期收益，忘记了考虑长期收益。

比如很多人从短期收益出发，选择学技术开发，因为掌握这项技能的门槛比较高，而且起薪比较高。但是，随着学开发的人越来越多，这项技能变得越来越不稀缺，而且由于技术迭代的速度太快，到了四十岁，开发人员就会面临很多风险：要么转岗管理层，要么就要转行或者被裁员。

当然，技术开发在未来很长一段时间内，仍然是一个高性价比的工作，特别是对目前新兴的AI（人工智能）方向、大数据方向，还有物联网工程师来说，仍然是稀缺技能，所以身价很高。

这些都能提升你在单位时间内的收益，是一般人增长自己价值的途径。

（二）通过购买别人的时间来赚钱

老板雇一批员工来为自己赚钱，就是“通过购买别人的时间来赚钱”。

这种模式的特点是：初期需要一定的投资，并且需要承担可能亏损的风险，但收益一般是前者的数倍、数十倍。

（三）用钱来赚钱

比如投资人通过投资项目来赚钱；有些有专业知识的人，通过炒股票、买比特币来赚钱。

这种模式的特点是：赚钱快，但也有一定风险。

以上（二）（三）两种方法，一般的职场人用不上，所以我们一笔带过。

（四）通过打造自己的品牌来赚钱。

打造自己的品牌，俗称获取“知名度”。

即使你只是个普通的上班族，但如果你能想办法提升自己的知名度，肯定会获得一些额外的机会。

例如前百度副总裁李靖，二十五岁的时候他带领的自媒体团队就被百度以一亿元的价格收购，成为百度史上最年轻的副总裁。

虽然李靖后来选择了离职，但不得不说，百度副总裁这个标签，让他的身价翻了很多倍。

李靖本身虽然很有能力，但若非李靖之前积累的知名度，他也很难被李彦宏看上，直接成为百度的副总裁。

这样的案例，其实还有很多。比如有些有专业能力的人士，通过开设自己的网络课程，或者运营自己的自媒体，获取了网络关注度和行业影响力。比如最近出了健康日历的“丁香园”，就是这样。

再比如流量明星通过炒作、上综艺节目等方式，来提升自己的名气，从而赚取流量，提升自己的身价。其实这个时候，他们的身价是高于实际能力的。

想要获得知名度，打造自己的品牌，有如下几个途径：

（1）在公司内部获得知名度

我以前在央企的时候，因为自己业务能力还不错，又在领导面前获得了一定的认知度，所以直接提前半年转正，甚至被提前列入了预备管理层。

在大公司，要让领导认识你，这很重要。

因为大家刚进去都是螺丝钉，要想快速升职加薪，除了成为业务小能手，也要提升自己在企业内部的知名度。

要做到这一点，可以从以下几点入手。

有和领导接触的活动，一定要积极参与，让领导记住你。

多参与公司内部的平台或者新闻平台互动，多发布一些与自己工作相关的思考，让一部分领导能注意到你的才华。

珍惜每一次发言的机会。特别是工作报告，很多公司高层领导的时间相当稀缺，根本没时间注意到一些优秀的下属。如果你还不懂得“向上管理”，那升职加薪基本就会与你无缘了。所以，好好准备工作报告，其他人越是不认真，你的机会就越大。

认真对待日报、周报。很多人把日报和周报当成是一种任务，经常是敷衍了事；但是，很多时候高层只能通过日报、周报去了解基层的情况。如果你能用心对待，不仅能写出自己完成了哪些工作，更把自己对于工作的思考也写出来，相信你很快就会脱颖而出。

（2）在行业获得知名度

在行业获得知名度之后，你的身价很有可能直接翻上好几倍，这也是我最想分享给你的。

如果你是在初创企业，或者说规模不那么大的公司，要怎么样才能快速崛起呢？

除了做好公司本身的业务之外，最重要的就是：你需要在这个行业中快速获取知名度。

比如“粥佐罗”的品牌创始人，刚开始只是创业邦的一个基层编辑，后来因为善于总结思考，写出了一些“十万加”的爆款文章，升职为新媒体运营经理。

后来“粥佐罗”成了插座学院的副总裁，一起开发了新媒体课程。双方相互赋能，一年内把新媒体课程卖出了上千万元，“粥佐罗”也因此身价暴涨，成了业内知名的新媒体“教父”。

在行业内打出知名度，对你只好不坏，那么有哪些方法可以让你快速获取知名度呢？

第一，不断在行业内平台输出工作相关的干货。

比如做运营的，在知乎、人人都是产品经理、鸟哥笔记等平台不断输出自己的经验，久而久之，不仅积累了自己的名气，对自己的运营能力也能起到提升作用。

第二，混各种行业社群，并积极解答一些复杂问题。

如果你觉得第一种方式太累了，可以考虑用这种方式，在社群里多和同行沟通，多谈自己对于一些专业问题的看法，说不定能获得一些企业的内推机会，并且也会逐渐塑造出自己在垂直领域的精英形象。

第三，参加线下交流活动。

如果你的行业是传统行业，线上也并不活跃，那么不妨试试这个方法。抽时间参加各种线下交流，除了可以获取一些大佬的经验，还可以获得一些同行的微信。经常在自己的朋友圈分享一些工作心得和干货，久而久之，别人自然会注意到你。

（3）在全网获得知名度

到了这一步，就基本等同于自己创业了。

如果能在全网获得知名度，把自己的影响力变现的方式就有很多了：出书、卖货、投资自己的产品、接广告等。

一般人想做到这一点比较难。如果你的专业背景比较强，也可以考虑做一些线上课，这也是快速获得全网知名度的方法之一。

比如你是一个英语老师，平时最多可能给二十个学生上课，一节课收费一百元，你能得到两千块钱。如果你在线上讲课，打破了地域的限制，你就可以同时给两千个学生上课，一节课收费十元，就能获得两万块钱的收入。

获得全网知名度，实际就是在给你的价值做乘法，可以十倍甚至百倍地扩大你的影响力。你不需要花费更多的时间，就能大幅度提高自己的个人价值。这是所有变现渠道中最快捷、最高效的。所有有志向的同学，都可以朝着这个远大的目标前进。

让公司少不了你的三种方式

有一天我在浏览网页的时候，一则消息深深触动了我。一家亚洲最大的公关公司，在大规模裁员中不仅不给员工赔偿金，反而以“严重违纪”为由开除员工相威胁，劝员工主动离职。

后来大家都在网上声援被辞退的员工，认为企业应该给员工补偿金。但我相信，三个月的赔偿金，和个人的职业发展前景相比，其实算不了什么。

那么，如何才能做职场上最有价值的员工，成为不可取代的人呢？

这个问题我思考了很久，也问过很多业内的专家，总结出了三类不可替代的人：

（一）你手握公司重要的资源，公司缺少你手上的资源就会业务大跌甚至无法经营

我曾经在知乎上看到这样一个案例：王小塔是一家公司

的客户经理，她负责的客户业务量，占公司业务总量的百分之六十。但由于领导的区别对待，王小塔在公司备受排挤，做出来的业绩经常得不到承认。

于是王小塔提出了辞职，随后把自己的客户全部转移到了新入职的公司。结果王小塔走后，前公司的业务一蹶不振，没过多久就倒闭了。而新公司由于得到了王小塔的客户资源支持，业务量一下子上涨了很多，王小塔也很快在新公司站稳了脚跟。

这个故事中的王小塔就是不可替代的。她的不可替代性在于：她即便离职，也能够把资源掌握在自己手上。

当然，如果你希望自己在这个方向上不可替代，也要注重职业道德，不要做违反行业规则和突破个人道德底线的事。想做到这一点，最好的办法就是让自己成为公司的资源。

（二）你是公司的精神支柱，甚至影响公司的市值

这类人中，最为传奇的代表就是陆奇了。2017年，百度宣布任命前微软全球执行副总裁陆奇为百度集团总裁和首席运营官，负责产品、技术、销售和营销。

在陆奇加入百度一年多的时间里，百度的市值从不到五百亿美元提升到了近千亿美元；而在陆奇离职后，百度的市值

直接蒸发了近一百亿美元，陆奇充分证明了自己作为职业经理人的价值。

可以说，陆奇对于百度不可替代的那种价值，已经完全体现出来了，即便离开百度，也是被其他公司抢着要的。

（三）你是老员工，公司要培养新人的成本太高

为什么很多时候，老员工的价值相对更高？因为老员工往往掌握了公司的核心业务，如果公司要培训新人来替代，往往成本过高。

这一类员工也许能力并不是最强的，但也是公司的重要组成部分之一，只要能够做好自己的本职工作，基本不会被其他人取代。

不过，俗话说得好：最大的安全感，是你有随时离开的能力。那些最有价值的员工，往往并不需要把自己和公司绑定在一起。

我有一个朋友叫妙芙，她毕业后到一家公司做运营。在工作之余，她没有像大多数人那样消磨时间，而是经营起了自媒体。在这个过程中，她通过不断学习，提升自己的写作技巧，成了多个平台的签约作者。

得知今年3月她辞掉工作，成了自由职业者，我一点都不

觉得惊讶，因为她完全可以获得比原来更高的收入。

除了她以外，我还有很多其他朋友，纷纷辞职，专职做社群变现。这些人中有的曾经做过运营，也有的是本职工作不涉及自媒体的教师和行政人员，他们平时在工作之余，就在寻找影响力变现的途径。现在，有人一个月做社群带来的收益，就超过了当初薪水的十倍。

总之，以上讲述的一些方法，是你在公司站稳脚跟的几种方式。即使一时做不到也不要紧，只要慢慢磨炼自己，每个人都能在职场上获得长远的发展。

利用场景给自己增值

面试的时候，有个经典的问题：怎么把一瓶普通的矿泉水卖到三百元？最近我出去旅游，发现类似的问题在现实生活中早已有了解答。平常两块钱一瓶的农夫山泉，在一些景区可以卖到十元钱，而且愿意买的人很多。

这种现象是有原因的：

首先，这反映出定价上的“稀缺”原则。

如果在这个商品站我不买，意味着我还要继续口渴半个小时，到下一个补给站才能喝到水。根据常识，即使到了下一个小店，矿泉水的价格也不一定会比这里便宜。权衡之下，我和其他旅客一样，都选择了妥协。

其次，这个定价中有商业同盟的力量。

等我到下一个站点的时候，发现价格还是十块钱。说明景区的商家们早已经沟通好了，这里的水都卖十块钱。

最后，在人流量和转化率之间寻找最优解。

我们来替商家算一笔账：

两块钱一瓶的水，一万个人里面有两百个人买，转化率是0.02%，但总销售额只有四百元。

而十块钱一瓶的水，一万个人里面可能只有一百个人买，转化率是0.011%，但总销售额是一千元，是前者的2.5倍。

况且，在稀缺效应的加持之下，转化率下降未必有这么多，景区自然而然会选择能获取最高收入的办法。

对于景区的商品而言是这样，对于我们选择一个行业的方法来说也是这样。

我想跟你分享这样几个案例：

有一位我在“暖石网”上营销课时结识的同学，他在大学的时候就看中了自媒体的风口，于是专心做起了自媒体，在一个平台有多个账号被签约。于是，年纪轻轻、尚未毕业的他，已经有了自己的收入，还有了互联网影响力。

此外，还有一位做自媒体的同行，她曾经在一年的时间里给各大公众号写了上百篇稿子，收入比她上班的时候高两倍。去年，她开始做知识付费，教普通人学习写作，课程报名费九十九元，一周时间就有上万人报名。她之前要花两三年时间才能赚到的钱，现在一周就赚回来了。

我还有一位做区块链的朋友，这位“牛人”通过研究区块链，找到了一些入行的规律，开始做付费的课程，给别人讲解区块链，一次课程的收入超过了很多人几年的收入。

他们为什么都能迅速实现知识变现呢？

其实，脱离不了两个词——风口和红利。

当风口过去的时候，即使是上个时代的巨人，也可能会倒在历史的车轮之下。

强大如乐视，最终还是输了，融创掌门人孙宏斌的注资并没能改变和挽救什么。

同样命运的，还有大润发，打败了沃尔玛、家乐福，最终却逃脱不了支付宝的收购。

大润发创始人说：“我战胜了所有对手，却输给了时代！”

现在，没有任何一家企业敢说真正到了大而不倒的地步。

十几年前，聚美优品如日中天，到今天，市值残存不到十分之一。

没有常青的企业，那我们的职业安全感，到哪里去找？

我建议，每个人一定要给自己选择有利的大环境，这样才能借势成长，利用场景给自己增值。

我们在选择某个行业之前，一定要弄明白这样几个问题：

（1）你选择的行业是否在未来一段时间有所增长（行业大数据可以通过搜索查到）。

（2）你选择的岗位是否符合自己的预期，是否属于公司的核心岗位。

（3）你是否打算未来长期从事这个领域的工作。

（4）你是否做好了终身学习的准备。

从正式进入互联网行业到现在，一共七个月的时间，我的收入大概翻了三倍。

如果我现在还在原来的行业，达到这个收入水平，我至少需要奋斗三到四年的时间。

真正改变我收入的主要原因，并不是因为我能力突出、思维敏捷，而是我借到了顺势成长的力量。

2017年是内容营销大热的一年，今日头条、知乎等内容平台都迎来了大量的增长，短视频平台抖音更是异军突起，短短几百天的时间就成了应用下载排行榜的第一名。

而我正好在这个时候进入互联网行业，负责做应用的推广。我曾经试过很多方式，结果发现，无论营销经费是高还是低，最终都很难达到理想的效果。

于是我开始去做自己比较擅长的内容营销，让我惊喜的是，产品的ROI（投资回报率）从不到1：1，变成了将近1：10，意味着之前我们花一块钱连本钱都没法收回来，现在不仅能收回成本，还能赚回来九块钱。

我发现，在今日头条、知乎等内容平台，即使没有粉丝，也能依靠优质的内容获得很高的内容分发量。

内容为王的这种趋势，不仅体现在我所在的行业，连淘宝这样的头部电商平台，也是如此。

据我所知，在淘宝所有的成交订单里面，只有40%来自搜索，其他60%，有很大一部分都来自内容。

2018年，内容的趋势又有所变化，从图文时代逐渐向短视频时代过渡，短视频的崛起已经势不可当了。

我是从去年开始接触抖音短视频的，刚开始是因为调研内容推广渠道，所以安装了抖音，那个时候的抖音还是以歌舞才艺为主。

后来，抖音做了一系列营销活动，彻底崛起。与此同时，出现了很多因为抖音崛起而造就的流量红人。

这些流量红人，一条视频广告的要价可能在几万到几十万不等，短短一夜之间从草根到月入百万的“网红”，例如连音社、费启鸣等。抖音的崛起，深度揭示了红利的含义。

这大概是趋势最明显之处，爆红往往在一夜之间就完成了。

那么，如何才能抓住趋势的红利，找到自己施展才华的空间呢？

我的建议是：多和消息灵通的人交流。

不管是我之前获得签约作者的机会，还是做内容营销，其实都不是依靠我自己摸索出来的，而是和圈内的朋友、和前辈不断探讨和实践出来的。

互联网圈子里每天都有新消息出现，例如前段时间腾讯旗下的微视短视频平台启动，给签约短视频博主流量支持和高达三十亿的现金补贴。

这些消息在互联网圈子里都传得很快，知道了这些消息，才能借到红利的东风。

总之，在这个快速发展的时代，仅凭个人努力当然也能获得不错的发展，但如果想更快成功，还是要善于借势，找到更广阔的舞台。

耐 力

Part 5

反向思考：用情绪的力量，创造正面价值

所谓内驱力，就是向整体目标要动力

我有一个大学时很要好的朋友，一直说自己准备去搞IT（信息技术），结果三年过后，他终于才在今年下定决心，去报了培训班，开始认真着手准备这件事情。

在我看来，他浪费了整整三年的时间！如果是早一点下定决心，也许他现在已经是资深的技术工程师了。

现在市面上教人战胜拖延症的书有很多，不过我更关心的是，拖延症背后的原因是什么？为什么我们决定要做一件事，却迟迟没有动手？仔细分析一下，有以下三种可能：

（一）看不到自己的整体目标，没有足够的内驱力

2018年，我报名参加了一位知名自媒体人的写作课，加入了几千人的写作社群。我发现很多同学都信誓旦旦地说，报名写作课程后，要做到每周更新一篇文章。

遗憾的是，半年之后，原来信誓旦旦的绝大部分人早已停更。原因是，很多人喜欢的并不是写作本身，而是写作成功之后得到的金钱或者声望。当他们发现，写作这件事并不能迅速来钱之后，就失望地放弃了。

写作不仅来钱慢，而且还很累人。在写作之前，需要策划选题、整理逻辑框架、收集素材，然后才是动笔开始写，写完之后还要重复预览、修改多次才能推出去。

我能把这件痛苦的事情坚持下来，完全是因为我觉得写作这件事本身就是有益的：

首先，输出可以倒逼输入。因为需要写东西，我必须保证自己有货可写，所以我才能有足够的动力去看书、学习和实践。在这个过程中，我的各方面能力都得到了提升。而输出之后，我又会从读者朋友那里得到反馈，验证或者修正自己的原有的想法，加速了自己的成长。

其次，写作能够对很多朋友起到帮助作用。前两天，有同学说看了我的文章，成功地转行互联网。还有的同学因为我提供的一些机会实现了个人价值，特地来感谢我。这些反馈让我感到自己的分享是有意义、有价值的，因此我愿意长期做这件事。

你明白了吗？我找到了足够多的内驱力，去从事写作这项艰苦的工作。

所以，当你准备做一件事情的时候，要用心去做，体会这件事本身带来的好处和乐趣。这是提高执行力的有效方法。

（二）没有对目标进行定量规划

很多时候，给自己定一个模糊的目标，意味着你原本就不知道怎么去做这件事，根本没有想清楚，更不用说怎么去执行了。

反之，我有个朋友在这方面就做得很好。当初我们一起参加了学习互联网运营的课程，她在报名的时候就给自己设定了明确的目标——要在2017年8月之前成功转行互联网。

根据这个目标，她很清晰地规划出了自己每一步应该做什么，我当时就知道她会成功。果不其然，她在7月份的时候就收到了一家初创互联网公司的入职通知。

所以，当你决定去做一件事情的时候，最好给自己一个截止日期和可量化的目标，在这个截止日期之前，你非把这件事情做成不可，而不是继续准备下去。

（三）总喜欢找一些外部原因

在做互联网这一段时间以来，我做出了一些成绩，也有过很多失误。不过，我对一个道理却越来越明白：你做不到某件事，更多的是因为自己的原因。

我的一位朋友曾经对我说，他要放弃现在的工作，转行去做程序员，刚开始我还不信，因为在我的印象里，他的性格属于比较被动的那种，很难想象他会痛下决心，突然离开自己已经熟悉的行业。

你猜，后来他转行成功了吗？

他在做出这个决定之后，硬生生靠自学成了一名java（计算机编程语言）工程师，现在在北京定居，还买了房子，听说日子过得很不错。

再举一个例子。我在写作社群里认识了一位女士，她原本是某大型企业的中层管理者，我叫她菲姐。她因为要生孩子，暂时离开了职场，成了一名全职妈妈。

两年后，等她准备复出的时候，却发现自己原来的职业技能已经过时。于是她凭借自己强大的毅力，开始学习公众号运营、社群运营，到处去参加自媒体课程，不断认识名人，充实自己的社交圈。在短短一年时间里，她已经是一个几万人社群的运营了，收入比之做中层管理者的时候还要高。

如果你是一位重度的拖延症患者，那么你一定要告诉自己一句话——先完成，再完美。你想执行什么计划，先动手做了再说，不要去想自己和大目标还有多远的距离。

我这样建议，是有原因的。《蜥蜴脑法则》这本书中提道：我们每个人的大脑当中，其实都有一个内在的“蜥蜴”。它独立于我们的意识之外，就好像一个无意识的思维系统。它总是倾向于得到快乐，避免痛苦。

人类虽然自诩理性生物，但事实上，我们在做某些决定的时候，方式与低等脊椎动物蜥蜴并没有太大区别。

如果我们设定了一个过高的目标，我们大脑中的这只蜥蜴就会认为这个目标完成起来太过于痛苦，就会产生逃避心理，找各种理由来终止我们的行动。

遇到这种情况，你就需要重新审视自己的目标了。

最好的办法不是痛苦地咬牙坚持，而是把目标调整得相对合理。

大脑就好像一个孩童，它需要的不是打击，而是奖励。

当你朝着一个宏大的目标迈进的时候，常常会产生无力感和倦怠感。所以，对有重度拖延症的人而言，不管三七二十一，先开始动手去做，比思前想后要好得多。

另外，完成小目标后，一定要给自己及时的反馈。

想想看，为什么游戏能让人上瘾，从小怪杀到大怪，非要通关才罢休？

这是因为，每杀掉一个小怪，你都能看到自己的经验值在增长，从而获得成就感。

游戏中这种让人上瘾的机制，可以迁移到我们的目标管理上来。

比如你可以在设定目标之后，和自己约法三章：每完成一个小目标，就奖励自己一顿大餐。如果不能完成，就会受到惩罚——比如今天不玩游戏、不吃晚饭等。

这样做的好处是：不断完成目标，会带给你持续的奖励，形成一个正向的循环，这样坚持下去，你会习惯于完成自己的任务。

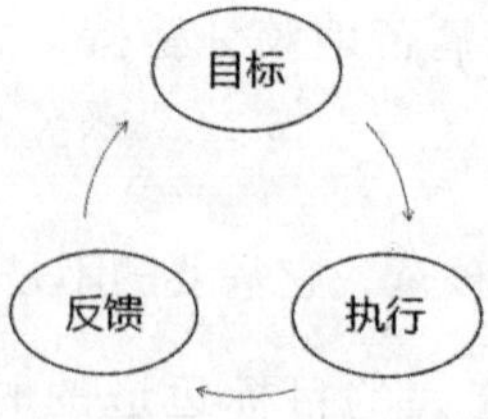

正向的反馈可以来自自己，也可以来自他人。

《影响力》是一本心理学著作，这本书提到过一个很有意思的观点：人人都有一种言行一致的愿望，一旦我们把某种决定公之于众，来自内心和外部的压力就会迫使我们按照承诺说的那样去做，以行动证明自己先前所做出的承诺符合事实。

说白了就是：我们答应了别人的事情，如果没有做到就会痛苦万分。

这个心理学原理叫“承诺和一致原理”。

其实这个原理同样可以用到我们的目标管理方法上来。

当你为自己设定一个目标之后，尽可能地把这个目标告诉你所有的熟人。无论这个目标是减肥也好，是转行也罢，总之，要让你身边的朋友知道，你正在尽力去做这件事。

这样当众做出承诺之后，绝大部分人都会想尽一切办法，去达成这个目标，从而保持自己行为和承诺的一致性。

总之，由于每个人的性格不同，战胜拖延症也可以有不同的方法。只要看清了自己的整体目标，用定量的办法坚持下去，就会有足够的内驱力把这件事做完。

精准努力，才是抗风险的最高能力

以前做工程的时候，我是项目的管理人员，每天上班时间，都会去项目现场看看工人在做什么。

印象最深的一次是2016年春节的时候，因为甲方工期催得很紧，项目为了尽早达到要求，不得不提前进行一次大面积的混凝土浇筑。

那一次浇筑，一共只有六个工人，从浇筑开始到最终完成，他们四十八个小时都没有合过眼。

几位五十多岁的大叔，为了工作，连续从事高强度的体力劳动，我到现在还记得大叔充满血丝的双眼，尽管疲惫，却也有完成任务之后的成就感。

对于很多人来说，五十多岁应该是在家里享福的年龄了，而他们还要为了生活苦苦奋斗。我问过他们："为什么想到来工地上打工？"

他们的回答让我沉默了——“两个小孩在上大学，自己又没什么本事，工地上累是累了点，但是总比去扫地能多赚点。不然以后怎么办呢？”

“以后怎么办”这句话，暴露出了多数人面临的职场压力。

有人主张，年轻的时候不要一味地努力奋斗，还是要学会享受生活。可是，你连享受的资本都没有，拿什么享受生活？

最近几年，中国涌现了很多草根的创业者。他们大多数从互联网起步，一步一步地实现了财务自由。

当然，也有一些人的发展，并非那么一帆风顺。

当一个人在职场上已经看不到什么发展，甚至觉得自己的职业生涯已经到了尽头的时候，要么就选择颓废下去，要么就只能自己出来干。即使他们知道，创业公司的死亡率超过了百分之九十；即使他们知道，自己的事业只是风口上的昙花一现，但他们或许已经无路可走了。

我们努力工作，努力学习，看过城市凌晨三点的样子，也挤过最拥挤的早高峰，想要努力抓住每一分钟，不过是希望在职场多做出一点成绩，尽可能争得属于自己的一席之地而已。

和理想中的生活相比，累一点又能算什么呢？

很多人经历过磨难之后，会害怕，会退缩，会不敢面对失败的后果，不敢尝试一切有风险的事情。

但我们每个人来到这个世界，不仅仅是为了生存，更是为了拼搏。

当然，仅仅找到自己想要的方向，我们还只是一个空想家或者演说家；只有找到方向，并朝着这个方向去一步步全方位打造自己的能力，我们才有机会成为实干家。

尽管我是在别人的帮助下才找到自己方向的，但真正成就自己的，是过程中的死磕和不认命。我时时刻刻都在告诉自己：你一定不要放弃自己，记得微笑面对一切打击。

比起“既然已经这样了，为什么还要选择继续做下去？”我常常会这样想：

既然已经没有退路了，为什么不索性放手一搏？

既然有了想法，为什么不去实现它？

如果你对成功没有强烈的渴望，我不建议你选择创业这条路。不过，如果你已经下定了决心，就不要给自己退路，一股劲地朝前走。

最后，你会发现自己能通过精准努力，一个个地搞定难题。

没有时间学习怎么办？

我就牺牲休息的时间来学习。每天晚上加完班，从十点到一点，我还可以学习两到三个小时。自己不放弃，就永远有时间学习。

学习没动力怎么办？

给自己定个目标，完不成就不睡觉，自然就有动力了。对自己狠一点，远远强过放纵自己。

曾经，我为了写好一个文案，凌晨三点还在反复琢磨，尽管我现在文案写得也不是那么好，但至少不会像原来那么“渣”。没有别人的天才创意，我还可以拼努力，任何事情都有它的科学规律，找到这个规律，你可能做不到别人那么好，但一定不会差。

焦虑迷茫怎么办？

找几个和自己志同道合的人一起学习，一起成长。焦虑迷茫是每个人都会有的，我并不觉得自己听听歌，看看电影就能解决这种情况了，听完歌还是一样会焦虑。最好的办法就是，有这样一群人，能够在你焦虑迷茫的时候给你加油打气。

很多人都希望自己的人生能抵挡任何风雨。那就去努力吧，在找到退路之前，你就能找到属于自己的职场安全感。

在迷茫期做力所能及的事，真正有益的事就会发生

前几天坐地铁，上班高峰期的地铁本来就十分拥挤，这个时候一个年轻的妈妈带着孩子上车了，小孩很可爱，应该还不到一岁。

随着人流量越来越大，年轻的妈妈也被挤到了角落里。到了一个换乘站，一大波人涌进了车厢。年轻妈妈的孩子被挤到了，“哇”的一声哭了出来。看着年轻妈妈一边努力自己站稳，一边还要去安慰孩子，我真的有些替她难受。

如果年轻妈妈能够出门打个车，可能就不会让自己的孩子这么难受了。也许，只有再努力一点点，才可以改变现状吧。

我自己的人生经历告诉我，只有努力，才有可能改变现在的命运。

我来自一个小乡村，祖祖辈辈都是农民。

因为贫穷，父母不得不面临初中就辍学的窘境；

因为贫穷，高祖母生病了都不能长期住在医院；

因为贫穷，他们甚至连走出这个小乡村看看的机会都很少。

所以他们拼命努力，只希望我不要重复他们的人生。在村里，所有孩子都被父母逼着干各种农活，放学回来根本没有时间看书做作业，但他们却几乎不让我干什么农活，还花钱给我买书，督促我每天认真完成作业……

在小学毕业的时候，我妈妈告诉我，要让我去城里上学，她每天替我去打听城里的中学什么时候报名，什么时候可以去考试。为了完成妈妈的愿望，我拼命学习奥数，努力复习，于是我成了村里第一个去城里读初中的孩子。

我永远记得妈妈跟我说过的一句话——这辈子你可能靠不上我们，一切都只能靠你自己了。

这句话一直烙在我的心里。

尽管妈妈出身农村，但她的勤劳、善良、富有远见，需要我花一辈子去感激。

到了城里，没有人监督了，我就自己学习。在那个QQ流行的时代，我显得格格不入。因为来自农村，我的英语很差，连二十六个字母都认不全。每天晚上回去，我就躲在宿舍的被窝里，偷偷听磁带、背单词，因为在宿舍晚睡，还被惩罚倒了一个星期的垃圾桶。

那时候，班里的学习气氛其实很差。学习氛围不好我就不和其他同学一起，自己学；在这样的学校里，老师也不会讲太难的内容，我就自学，等老师讲完一个单元，我早已经把下个单元的内容准备好了；我不算聪明，学习能力也不是特别强，我想自己大概唯一能跟别人比拼的就是努力了吧——把更多的时间花在学习上，花在读书上，上了大学，人生才会有更多的可能。

因为我的努力，四年的大学生活我过得顺风顺水。在学校里面我也算是结识了很多志同道合的人，荣誉也拿到过一些，最后我放弃了保研，选择了一份看起来很体面的工作。

进公司的前半年，我每天都很努力，每天跑工地，回来做方案、画图，做申请专利和奖项的策划，我甚至还连续一个月每天加班到凌晨两三点。

然而，这样的付出，成本也是巨大的。因为太累，我生了一场病，在病中，我静下心来，研究了一下建筑行业的趋势。读了不少数据之后，我悲哀地发现，建筑业早就已经过了黄金时代，很多项目都在亏损。

那个时候，我迷茫了。

尽管这样，我还是保持努力，看书、学习，抓住每一个可以提升自己的机会。在工作之余，我主动主持了公司的大型活动、为公司领导做PPT……结果，公司领导看重我，我得到了提前转正的机会，也得到了项目经理和师父的赏识。在这个看似辉煌的时刻，我下定决心准备转行。

因为，我已经看到了自己未来十年的样子，我不想过按部就班的生活，更不想留在一个没有发展前途的行业。

当我真正开始着手准备这件事时，我却悲哀地发现自己除了“老本行”之外，对于其他行业一无所知。我尝试着投了几份简历，结果全部都石沉大海。那时候我怀疑，自己已经别无选择了，只能一辈子待在建筑行业。

尽管有迷茫，尽管有对自己的怀疑，我还是勇敢地迈出了改变的第一步。也许是由于对互联网的热爱，也许是由于对互联网行业发展前景的期待，我报名参加了线上互联网在线教育课程，零基础学习互联网运营。

在公司没有时间，我每天就利用下班的时间学习，往往要学到深夜一两点。我的付出没有白费，三个月后，我的简历终于得到了回音，面试也成功了。我正式成为一名互联网产品运营。

我曾经也问过自己很多次，这样的选择，是否值得？

要知道，之前我所在的公司，是一家大型央企。我要辞职的时候，大多数亲友，都表示不看好、不支持。我的心里也充满了忐忑。

经过实践的检验，我才终于发现，我找到了自己真正想要的、一份可以称之为事业的工作——我从原来的螺丝钉，变成了现在的决策者；从对工作负责，变成了对自己负责；从自己无法决定人生，到现在一切都靠自己掌舵。

我曾经因为窘迫的生活，深深感到未来的不确定；为了让自己找到更多的可能，我唯一能做的就是努力努力再努力。于是我从以前的被动加班，变成了现在主动把时间交给工作。我坚持写作、坚持去学习新的营销知识、坚持每天早起，曾经在我看来非常难的事情，变得十分容易和简单。

在这个高速发展的社会，不进步就意味着退步。因为跟你一样的人，他在加班的时候，你在玩耍；他在学习的时候，你在玩耍，他就会超过你。

努力，永远是源于我们对美好事物的追求。我们努力，是因为我们深深明白：如果不努力，就永远看不到向往中的诗和远方。

这个世界从来都是残酷的，我们只不过是走在前人铺好的路上，踽踽前行罢了。

在这里，我想问每一位读者一个问题：你想成为一个什么样的人？

我们的一生会有很多次选择的机会。

就好像我的高考志愿，如果不选择重庆大学，也许我的人生就是另外一种样子，我也不会去央企，更不会转行互联网，你也不会看到我今天写的这本书。

在过去的一年里，我都在告诉大家要怎么样选择行业、怎么样选择职业。

我们每个人都曾经有过迷茫期。其实很多时候，你当下的选择就是最好的选择。创业也好，打工也罢，人生没有所谓最好的道路，每个人该走的弯路，一步也不会少走。

所以，但行好事，莫问前程吧。

对自卑的人而言，做得更好是种本能

新东方教育集团的创始人俞敏洪在《我是演说家》发表了一篇关于如何克服自卑的演讲。在演讲现场，这位饱经沧桑的创业者说到，自己曾经自卑了十年，并讲述了自己是如何一步一步走出自卑的。

在俞敏洪的演讲中，有一段话我印象十分深刻，他说道：

那种把自己看得太高的人，我们说他狂妄；但是一个自卑的人，一定比一个狂妄的人还要更加糟糕。

一个狂妄的人，也许还能抓到他生活中本来不是他的机会。但是自卑的人，却会失去本来就属于他的机会。

自卑，你就会害怕——你害怕失败，你害怕别人的眼光，你会觉得周围的人全是用讽刺打击的眼神在看你，因此你不敢去做。

所以你会不断贬低自己，你失去了勇气，这个世界上的所有的门，都被你自己关上了。

而我恰好从小就是一个自卑的人。

我出身农村，在妈妈的支持下，小学毕业后，我考上了县城里的重点中学。刚进入中学的我，与城里的孩子相比，没有任何优势。

第一次上英语课，老师讲完以后，我连二十六个字母都认不全。可是我发现，周围的同学因为入学前上过补习班，很多人都能够流利地说出很多单词了。

第一次课后练习，我因为基础不好，放学后被老师留了下来。那个时候，自卑的情绪在我的心里发作了。

我痛苦万分，但痛苦之余，我也在问自己：难道我天生就不如别人？

为了赶上同学的进度，每次下了晚自习之后，我都会在被窝里面偷偷听磁带、背单词，尽管刚开始很痛苦，但是效果也非常显著。

在第一次月考中，我的英语考到了九十三分，虽然在班上还排不上名次，但我再也不是垫底的人了。我尝到了奋斗的甜头，也第一次感受到了战胜自卑的快乐。

不过，学习上小小的进步还不足以消除我骨子里的自卑。

有一次，我打算参选班级里的学习委员。我前面有几个同学上台发表了演说，每一个人的自我介绍都引经据典，表达流畅，看着他们挥洒自如的表现，我几乎丧失了上台的勇气。

当叫到我的名字的时候，我硬着头皮走上讲台，之前准备好的发言却全忘光了。我甚至记不清楚自己在台上说了什么，也不记得自己是怎么应付过去的，只知道那次竞选，我失败了。

从那以后有很长一段时间，面对新的机会时，我都会犹豫很久，怀疑自己不能胜任。

这种心态直到我上了大学，才有所改观。

我还记得，上大学的时候我去做兼职。这份工作很简单，就是站在路口发传单。很多人发传单的时候，只是盲目地把手里的单子随机塞给路人。我却从一开始就很明白，自己的目标是要到那些对投资商铺有兴趣的人的电话号码。

刚开始，我很担心自己不能按时完成任务。所以领班说的每一句话，我都认真记下来，这样我就学会了如何从穿梭的路人中最有效率地找到可能对投资商铺有兴趣的人；每遇到一个潜在的目标客户，我都会尽最大的努力让他把电话留下来。

那次跟我一起去的人有很多，到了下午的时候，有些人就开始躲在角落里休息了，晚上下班的时候就随便填一些号码交上去。

而我一刻都没有休息。最终，我一个人完成的量是其他人的好几倍。在最终结算的时候，我觉得自己是一群人中最神气的。

这件事情让我意识到，当自己能够超预期达成目标的时候，会增加自信。

从那以后，我就开始频繁参加各种活动，不管是大事还是小事，每一件事情都认真对待，尽可能地把简单的事情做好。

也正是因为如此，在我大四毕业，申请全校十佳就业委员的时候，辅导员给了我一个特别推荐。最终我以全校第二的评分，顺利拿下了十佳就业委员的荣誉。

大学四年，在达成一个个小目标的过程中，我逐步克服了自己的自卑，逐渐敢于去争取自己想要的机会了。

在我工作三个月的时候，公司组织了一次大型的观摩会，需要三个解说员。虽然入职时间不长，但我还是自告奋勇地报名了。为了做好这次观摩会，我熬夜准备了十多天，最后领导说，我对话题的理解很深刻，不亚于工作了好几年的同事。

通过自己的成长，我想告诉你的是：当你完成了一件别人没有做成的事，或者超越自己极限的事，自信心就能得到有效的提升。

很多人会抱怨，自己空有一身才华，却没有展示的平台。其实，机会也是争取来的，优秀的表现是你获得机会的最好途径。

在我工作两个月的时候，公司要在我们项目组织一次学习会议，当时我是新人，所以制作会议PPT这件事情，自然就落在了我的身上。

我意识到，这件事情可能是我向领导展示自己才华的机会，所以我没有敷衍了事，而是拿出自己死磕的精神，通过学习网上的教程，不断调整PPT的效果，最终做出了一份超预期的PPT。

后来，公司高层要做述职报告、要做项目招标书的时候，都会喊我去做PPT。

就是因为这样一件简单的事情，在数百位员工中，领导记住了我的名字。这也为我后面快速成长提供了无数的机会。

现在我深知一点：只要我努力，一定能够达到别人的水平，甚至做得更好。

我不再自卑了，我有了自信；而这份自信，是我为自己“挣”来的。

很多人都和我一样，曾经自卑过。不过，有时候自卑也是一种优势，它能让你更努力，拼命去超越自己，做到更好。

适度焦虑，是激发潜能的动力

有段时间，我感觉特别焦虑。

原因很简单。经过一段时间的努力，我原本以为自己已经很强了。可后来才发现原来有的同龄人，早已实现了年薪百万的小目标，最糟糕的是，我觉得他们也并不比我努力啊！

那段时间，我每天都很努力，但是又不知道如何才能实现个人突破，获得与努力相匹配的成就，每天都过得很焦虑。

后来我认识的优秀的人越来越多，我才终于意识到了一个问题：

别人的成就永远是属于别人的，我再焦虑都没有任何用，缩短不了别人和自己之间的差距，也没法改变自己。

后来，我再遇到优秀的人的时候，虽然还是会焦虑，但是我会更关注他是怎么做的，他的发展为什么可以比普通人快这么多。

只要我从别人身上学到一丁点经验，就会琢磨着把这些经验和自己的工作结合起来。经过很多次尝试，我不仅学到了别人的优点，也逐步走出了自己的路。

这个时候我才发现，焦虑是一种非常优秀的特质。它意味着你总能在生活中快速识别出那些比你优秀的人，并促使你向他们学习。

问你一个问题："什么样的人不焦虑？"

在我看来，只有一种人不焦虑，那就是甘于平庸的人。

人外有人，山外有山，真正优秀的人，一定是时刻处于适度焦虑中的。

因为你想要变得更好，因为你有更高的目标，所有理想和现实的差距，都会驱使你前进，这种适度的焦虑，能够让你在别人放飞自我的时候，静下心来学习；也能够让你认识到自己的缺点，使自己变得更好。

这种带着焦虑的努力，实际上是一种不服输的优秀品质。

大家都知道，华为是一家伟大的公司，从1987年创立到现在，华为不断成长，最终成了横跨通信行业和科技行业的巨头。

华为的创始人任正非有一段很著名的发言，叫《华为的冬天》。其中有段话是这样说的：

十年来，我天天思考的都是失败，对成功视而不见，也没有什么荣誉感、自豪感，有的只是危机感。也许是这样才存活了十年。我们大家要一起来想，怎样才能活下去，也许才能存活得久一些。

华为这样伟大的企业，按理说创始人应该非常安逸，何必每天担心这、担心那呢？

也许正是因为任正非的焦虑，才推动了一个企业甚至一个行业的不断进步。这种焦虑，是一种优秀而且正向的特质。

当然，也不是所有的焦虑都是好事。

学习一个技能，如果不能马上看到效果，就特别烦躁；看一本书，还没翻几页，就没有耐心看下去；甚至是一篇干货满满的知乎回答，也不愿意多花几分钟时间琢磨下。

这种状态，俗称为“三分钟热度”，这种三分钟热度，其实也是焦虑的来源之一。

应对方式只有一种，叫作“延迟满足感”。

什么是延迟满足感？

“延迟满足感”其实是一个心理学术语，20世纪 60 年代，斯坦福大学的心理学教授沃尔特·米歇尔（Walter Michel）做了一个实验，这就是著名的“斯坦福棉花糖实验”，实验中，小孩子可以选择马上获得一个棉花糖，还可以选择等待一段时间，那么他就得到两个棉花糖。

实验发现，能为奖励坚持忍耐更长时间的孩子，通常具有更好的人生表现，如更好的托福成绩、认知能力、社会竞争力指数等。

延迟满足，就是指为了更有价值的长远结果，而放弃眼前的满足感，并且在等待的过程中展现出强大的自我控制能力。

今日头条的母公司“字节跳动”的创始人张一鸣就是一个这样的人。

他看得长远，目标一旦确立，就极其专注。

2015 年，张一鸣跟同事分享了 2012 年创业之初写过的一个 PPT，团队成员都觉得，今日头条现在的发展，跟当时的预估基本一致。

张一鸣是如何做到的？

他喜欢研究算法，他人生算法里最重要的一个词是延迟满足感。

张一鸣说：很多人人生中一半的问题都是这个原因造成

的——没有延迟满足感。

创立今日头条之前，我参与过四家创业公司，但每次都没有坚持到最后。我很早就意识到，创业如果不顺利，早死早升天，往前看就行了。

如果你的决定是对可见的最大系统，比如社会，是有增益的，你就应该做出更好的选择。

我经常见到一些小的创业团队，每个人都不愿意走，其实早点解散了，对他们都好。

也许你可以创造更大的价值，到时候还可以将利益重新分配。比如我离开九九房的时候，当时九九房的投资人也投资了头条，他们现在收益良好。

有时作为团队老大，我会先于公司解散走掉。你问我会不会感到内疚，可创业成功本身就是低概率事件，买彩票没中会有内疚感吗？而且当时我为团队找了我认为比我更合适的 CEO。

延迟满足感，会让你一直往前看，而不是满足于当下，满足于已有的成绩。

我的大学同学、共事的同事中，有很多非常不错的人才，技术、成绩都比我好，但十年过去，很多人的发展，却没有我预期的那样好。

为什么？很多人毕业后，就只能看到眼前的一点利益了。

有的同学加入银行 IT 部门，只是为了快点解决户口问题，还有的人选择目前的工作，是为了拿到分房补助。

能不能落实户口？能否早点买上一套经济适用房？如果你不甘平庸，有更高的目标，其实你就不会为这些东西担心。

如果你一毕业，就把目标定为在北京市五环内买一个“小三居”，你就会把精力都花在这上面，那么工作就会受很大影响。你的行为不知不觉就被这些目标局限住了，你会变得畏首畏尾，不愿冒风险。

我有一位朋友，早早在大城市买了房。为了还房贷，他业余就顾不上学习了，把时间都花在做兼职上，想多获取一些收入。那些兼职其实没有什么技术含量，做这种兼职也得不到什么成长，而且占用了本职工作的时间，影响到了他的职业发展，也影响他的精神状态。

我觉得他看起来是赚了，其实是亏的。

同样的道理，年轻人应该住在市中心，哪怕房子小一点也行，这意味着你下班后不需要浪费大好时光和宝贵精力去挤地铁。

延迟满足感，会让你有更高的目标，定更高的标准，也许你前两年发展得很慢，但十年后再看，肯定会觉得很有意义。

这几年，我还在学习，但已经不是为了赚钱。我补习了本该在青少年阶段学习的东西：

如何阅读、如何了解自己、如何与人沟通、如何安排时间、如何正确地看待别人的意见、如何激励自己、如何写作、如何坚持锻炼身体，还有如何保持耐心。

延迟满足感，不仅是在目标设定上的，也是自我认知上的。不要太早地把自己判定为一个有能力的人，我在这里举个反例：

我们公司曾经招过两个年轻人，素质、技术都不错，也都挺有自己的想法。我当时是他们的主管，发现他们在工作中的表现却始终不怎么样。

他们确实算是同事里面比较优秀的，但他们总觉得自己是最优秀的。所以很多比较基础的工作，比如要做一个调试工具，他们就会不愿意做，觉得大材小用，还会因此产生情绪。

这两个人原本天资过人，动手能力也强，但正因为他们没有认识到自己的能力还需要提高，所以始终很难进步。

我也见过一些原来天资平平，但后来的发展超出了我的预期的人。

当时我们有个做产品的同事，招进来的时候还是个应届生，当时大家都觉得他不算特别聪明，就让他做一些辅助性的工作，比如统计一下数据之类的。但现在，他已经是一个资产十亿美金公司的副总裁。

后来我想想，他的特点就是肯卖力、负责任，从不推诿，只要他有机会承担的事情，他总尽可能地做好。当时他的表现也不算特别好，但因为他态度认真，我们总是给他反馈，帮助他提高。

想一想，你是否也在人生的选择上，过于急切地想要成为一个“牛人”，最后反而造成了自己的焦虑呢？

最后，要告诫大家的是：要把焦虑带来的努力，用到正确的方向上。

我常常见到这样的人：他们非常努力却没有主见，别人考证他就跟着去考证，别人学英语他也跟着去学英语……

这样的人，看似努力，却极其缺乏目标感。努力过后，也很难看到结果，反而越努力，越焦虑。

他们的努力，只是在消除内心的焦虑。

我刚进入互联网行业的时候，对一切事物都充满了新鲜感，什么都想尝试一下。

看到别人做小说付费阅读，我自己也去做了一个，结果因为精力有限，虽然挣了一点小钱，但没多久我就放弃了。

看到别人做区块链一夜暴富，自己也想去掺和一下，结果加入了付费社群，什么东西也没有学到。

我的这些尝试，虽然对我也有很多正面的影响，比如说拓展了我的认知边界，让我了解了更多的商业模式，但也让我不够专注，焦虑万分。

后来我换了一个方法，把自己的全部精力集中在研究“增长”上面，我开始变得专注，终于能够把一件事情做到足够好。

与其盲目努力，不如先找到一个正确的方向去努力，这样会少走很多弯路。

其实恰好是用到了《刻意练习》这本书中的原理。在这个问题上，作者提到了四点提升自己的核心，恰好可以帮助我们，让我们在适度焦虑中稳步前进。这四点方法是什么，我已经帮你总结出来了：

首先，用发展的眼光看待自己，相信能力是可以持续提升的。

其次，明确自己在某方面必须提升，并愿意为此付出时间和努力。

第三，对如何改善、具体该做什么有自己的想法和目标，而非盲目重复。

第四，使自己处在低风险的环境下刻意练习。

如今，我也不算一个很有成就的人，但至少有了自己愿意为之全力付出的事业，并且也愿意在这条道路上不断进步。这多亏了我正确利用了自己的焦虑，不断向别人学习。所以，如果你也在焦虑中，不妨仔细分辨一下，看清自己的心态，正确应对。只要能处理好，焦虑也能变动力。

Part 6

复利效应：
别急，
每天进步一点点，
你也能成为 1%

让成功成为一种习惯

最近一年的时间里，我帮助了不少迷茫中的年轻人，让他们找到了自己的职业发展方向。

其中有两类人，让我印象深刻。

第一类人，他们尽管比较迷茫，但是提问之前会明确交代自己的教育背景、工作经历以及目前的规划，我只需要告诉他这个路径有没有问题，帮助他做一些小的调整即可。

很快，我就会收到他们入职理想公司的消息，甚至有的人成长之快，让我自叹不如。

第二类人，他们每次提问，都让我很难回答。因为他们会这样提问：

小强老师，我辞职了，我该怎么办？

小强老师，我很迷茫，我该怎么办？

听到这样的问题，我一般都很头大，因为想要弄清他的现状，我起码需要花费半个小时以上的时间。

俗话说“师父领进门，修行在个人”，解答完他们的问题之后，很多事情还是要靠他们自己努力。但我发现这一类人的成长速度，要比第一类人慢了很多，甚至有些人很久之后还是在原地踏步。

这类人虽然嘴上也说自己渴望成长，但在他们的理想中，自己的成长最好能完全依靠外界的力量来实现。

他们总是喝着啤酒，吃着烧烤，说着豪言壮语，梦想着未来要做出一番事业，可是却放纵着自己的懒惰和散漫。

他们总是幻想着自己有一天能够独一无二，成为行业的佼佼者，可是却从不拿出实际行动，付出切实的努力。

他们总是希望自己能够像那些很厉害的人一样，一出口就能发表一番过人之见，可是自己竟浮躁得连一本书都看不完。

于是，很多人因此变得很平庸，那些曾经畅谈的梦想，就全部成了空想。

须知，成功要靠自己的努力才能实现。根据我的观察，以下是成功人士具有的三种习惯，坚持这三点，你也能获得成功。

（一）面对目标，不找借口找方法

不知道你有没有遇到这样的情况：领导在安排某个事情

的时候，你听完之后突然觉得做不下来或者时间不够，就一口回绝。有的人甚至还会为自己的拒绝找一些借口，比如“这根本不可能实现”。

你还没有经过认真的分析，就本能地认为一件事情做不成，这是骨子里的懒惰造成的。

就好比你一上来就问我“小强，我应该怎么办”一样，你自己尚未做调研，也没有认真思考，希望我几句话就帮助你解决问题，这是不可能的。

蚂蚁金服前董事长彭蕾，是阿里创业期的“十八罗汉”之一，在公司被称为“女版马云”，曾经执掌蚂蚁金服，一手带起支付宝的业务。在分享阿里的经历时，彭蕾曾经说：“无论马云的决定是什么，我的任务都只有一个——帮助这个决定成为最正确的决定。”

阿里创业之初，彭蕾担任阿里的人力资源总监，管钱、管人、管市场，马云有点什么想法，她就得想方设法实现。

譬如有段时间马云的演讲堪称“放飞自我”，“独孤九剑”“六脉神剑”这样的提法层出不穷，听起来头头是道，但因为表达太过玄幻，谁也不知道具体该怎么做。没办法，彭蕾只能一条条琢磨，把它们变成具体的表述，再“落地”实现：

“六脉神剑”中说要“团队合作”，彭蕾就解释为：有意见开会说，开完会埋头干，免得当面没意见，背后牢骚多。

“客户第一”，就是要把客户当成衣食父母，积极为客户解决问题，站在客户立场思考问题。

“诚信”，就是言行一致，不受利益和压力的影响。

彭蕾好不容易解释完了，马云又有新想法了。当时他刚看完电视剧《历史的天空》，觉得军队思想政治工作更强大，授意彭蕾也要设“政委”。

看电视剧学来的主意，还要在企业里设政委，之前谁也没有玩过这一套，想想就觉得不靠谱。但老板的想法，无论如何也得实现，彭蕾又开始琢磨了，终于搞出了“阿里政委”。

所谓的“阿里政委”，日常工作就是陪聊，经常去看望团队成员、送温暖、聊家常。比如问员工买房没，有娃没，工作有没有困难，客户的情况怎么样……这样一来，员工出了问题，政委一下子就能猜出来怎么回事，及时采取措施解决。

有了阿里政委，猎头们纷纷表示，阿里的人最难挖！不认同这个理念的早跑了，剩下的都是阿里的“死忠粉”。

2010年阿里年会，马云对新上线的支付宝非常不满意，把警察出身、时任支付宝总裁的邵晓锋当场骂哭。

随后，马云令旗一挥，让之前只做过人事和财务、对技术一窍不通的彭蕾接管支付宝。彭蕾二话不说，立刻走马上任，进入了这个自己完全不熟悉的领域。

她带着团队没日没夜地加班，听取用户意见，一步步完善支付宝网购功能，最后达到了活跃用户两亿七千万，日交易量十二亿的成就。

从彭蕾的身上，不难看出一点：

优秀的人，面对目标，会先找方法，竭尽全力去完成。

在执行过程中，再去不断地调整和尝试，遇到困难，也不会把问题推给别人。

当你面对一个看似不可能完成的目标时，最好的办法不是去脑补这个目标实现起来有多么多么困难，而是想一想，为什么会是这个目标，我应该怎么去实现这个目标。

如果还没有开始，就想着把问题推给别人解决，你已经失败了一半。

（二）优秀的人，从来不给自己的人生设限

电影《实习生》讲述了这样一个故事：一位已经退休的公司总裁不甘鳏居寂寞，看到一家做线上购物的互联网公司发出的老年实习生招聘启事后，重返职场，应聘到服装电商行业做实习生，给年轻的创始人当助理。

一开始，女创始人并不喜欢老实习生，她工作极度紧张，在生活与工作中也难以平衡，这一切都让她备感压力。她还有一个神经质的妈妈，这让她对老年人避之不及。

但实习生的善解人意和热情开朗渐渐纾解了年轻女上司的焦虑。她变得离不开他，在他的帮助下战胜了恐惧，勇敢地面对现实。女创始人的改变，换来了自己丈夫的回心转意，最终她事业家庭两不误，圆满登上了人生巅峰。

其中有一场戏给我的印象最为深刻：女创始人忙中出错，把对闺密吐槽老妈的邮件，不小心发给了老妈。正当公司一大批技术人员都没有办法删除邮件的时候，实习生主动请缨，带领几个小伙子，开车到她老妈家，找到电脑，删除了邮件。

在这个过程中，他们不小心触发了报警系统，一时间铃声大作，警察闻讯赶来，实习生镇定地指挥大家及时离开现场，成功制止了一场灾难的发生。

虽然电影里有很多戏剧化的地方，但我们却能从中看到一种精神：

老总裁变身实习生，开动脑筋，用突破常规的方式，主动为新上司分忧。

这一点大概是每一个职场人都应该学习的。大部分人会把自己的职业生涯想得非常刻板，只做分内的事，甚至故步自封，不愿意接受新生事物。

而真正优秀的人，却很少为自己设限。

我做互联网这一段时间里，也算是接触过一些行业里的“牛人”，和想象中不同的是：他们往往都很虚心，尽管已经在各自的领域成了专家，但是依旧愿意不断学习去丰富自己的知识。在面对问题时，他们善于倾听用户和大家的看法，并且能够在自己的工作中加以利用。

（三）执行力是成功的基础

如果说目标导向和不设限是成功者的内化思维，那么执行力是这一切的外在表现。

2018年，拼多多上市。面对各大媒体铺天盖地的报道，拼多多创始人兼首席执行官黄峥却显得十分平静。他说：“拼多多还是一个三岁的孩子，还不敢说已经成功。我很感谢互联网的前辈，拼多多只是在电商这片肥沃的土壤上，种下了一片新的庄稼而已。”

在拼多多高速成长的三年时间里，执行力是这个团队成功的重要因素之一。拼多多从农村包围城市的战略，是所有“增长黑客”都值得学习的案例。

其实玩社群裂变、病毒营销的人很多，但拼多多无疑是最成功的。

在面对三四线城市互联网人群时，拼多多主动降低使用门槛，用户仅通过微信拼团、砍价等形式就可以购物。对于上了年纪的大叔大妈们来说，拼多多东西便宜又好用，简直是一种福利。

在发展过程中，拼多多必定经过无数次复盘，才摸索出了一套行得通的传播机制。这样的一个团队，其背后的执行力简直强得可怕。

我始终记得这样一句话：“执行力就是聪明人用笨办法，坚持做一件事情。”

这个世界上的聪明人很多，但真正愿意用笨办法做好一件事情的人，少之又少。

成功看起来很难，但有时候又很容易。如果你能主动一些，不为自己设限，在合适的领域坚持下去，成功对于你来说就是一种习惯。

成事，不是最初的决定，而是最后的执行

前段时间，我的朋友圈被一条新闻刷屏了。新闻中说了这样一件事：顾客拿到煎饼果子之后，坚持说大妈少给自己打了一个鸡蛋。大妈辩解不过，忍不住说了一句："我月入三万，怎么会少你一个鸡蛋！"

这条消息出来以后引起了很大的轰动，很多人觉得自己的名校都白读了，也有很多人表示说要辞职去卖煎饼。

但小强忍不住在这里提醒一句：大妈的职业，看起来是个人就能干，其实却不是每个人都能做得来的。

很多时候，我们对于一件事情的判定和理解，是基于自己有限的知识和经验，你只看到了煎饼大妈月入三万，可却没有看到大妈背后的辛苦。

要知道，为了做出好吃的煎饼，大妈每天凌晨两三点就

要起来准备食材，一直忙活到上午十点才能稍微休息一会儿。回去休息一下，又要去买菜，准备第二天的食材。

一年三百六十五天，没有双休、没有年假、没有节日、没有旅游、没有社交，没有办法活得跟普通人一样，因为大妈不出摊，就意味着没收入。

在念本科的时候，我每年春节都会去摆个小摊，赚些学费。那几天，我要起早贪黑，每天都要等到街上的人散得差不多了才收摊，有时候忙起来甚至顾不上吃饭。要知道，我只不过是辛苦那么几天，而大妈却是常年如此。

所以我说，你不是大妈，不懂大妈的辛苦。或许有人会说，我怎么不清楚，我知道他们小贩每天起早贪黑，每天烙饼好几百次，确实挺辛苦的。

但懂得不等于做到。换作是你，你会选择大妈的职业吗？

我相信你不会。在大妈努力摊煎饼的时候，你在惬意地刷微博、看视频……所以我说，你不会，也不敢去选择大妈的职业。如果你有摊煎饼大妈的那种努力，可能已经获得了升迁，实现了财务自由。但事实上，大多数的人，只不过是混混日子，最终也做不出什么成绩。

在职场上，看到别人比你学历高，比你背景好并不可怕，可怕的是比你学历高、背景好的人比你更努力。

上学的时候，你说："我明天一定要学习，要看书了。"可直到考试前一天，你也没有看完一本书。

工作的时候，你说："今年我一定要好好复习，拿下这门证书。"可直到同龄人都拿下这份证书的时候，你却还在"准备"阶段。

你还说："这个周末我要在家里好好提升一下自己，多学点专业知识。"可一回到家里，你就陷入了电视剧和游戏中，不能自拔。

我们都希望成为百分之一的顶尖人才，可从来都没有拿出顶尖人才的行动力。

在互联网上，我经常听到这样的言论：

某某明星，不过是靠营销捧红的；某某公众号，不过就是靠写一些"鸡汤文"来迷惑大众；某某CEO，他年轻的时候去麦当劳打工人家都不要他呢……

我还会听到以下这些酸溜溜的说法：

某某做了一个公众号就已经月入上万了；那个在朋友圈做微商的小女孩现在都开上法拉利了；我的同学已经是年入百万的老板了……

言论自由让大多数人能够毫无顾忌地说出自己的心里话，但也让有些人变成了纯粹的“嘴炮”，甚至觉得别人年纪轻轻就年收入百万，不是靠关系就是靠投机取巧。

可你不知道的是，某某明星其实比你更努力，她十几岁就出来演戏了，跑过龙套，当过服务员，在一个行业坚持了十年，才有了今天的成绩。

你熟知的某某鸡汤公众号，它的创始人当了很多年的传统媒体主编，数年来每天坚持为粉丝生产内容。

互联网的发展给了很多草根和创业者机会，同时也让很多人心态浮躁起来，总觉得优秀的人是靠投机取巧。可事实上，我们越来越清楚地发现，这个世界上，永远不缺一种人，就是比你年轻、比你起点高，还比你努力的人。

你没有发现，当你身边的人还在高谈阔论的时候，有些人已经走在了前面。当你还在和朋友吹嘘物联网多么多么厉害的时候，有的人在学校就已经利用物联网创业了。也许他成功了，也许他失败了，但至少他获得了你没有的宝贵经验。

你试着安慰自己，这个人只是运气好罢了，那个人只是抓住机会罢了，那如果机会在你面前，你会去抓住吗？你能抓得住吗？

有一句话我很认同——“我宁愿选择三流的创意加上一流的执行，也不要一流的创意加上三流的执行”，我们老是讲到执行力，可我们大多数时候都做了“键盘侠”。

其实，我跟你一样，有“懒癌”，也会担心自己做不好，但我觉得这不是能够阻止我们进步的理由，你说呢?

改革开放初期，国家鼓励人们创业，银行贷款几乎没有利息，那时候起来了一批实体经济的先驱。

二十多年前，一大批进入房地产行业的大佬几乎都成了社会名流，那时候买房投资的人几乎也都实现了财务自由。

现在，国家提倡“大众创业，万众创新”，传统行业和互联网已经结合起来，凭运气成功已经不可能了。那些没有竞争力的人，终将被市场淘汰。执行，才是一个人最宝贵的能力，它能让别人看到你的诚意、踏实和靠谱。

2017年似乎是有史以来最能证明“知识改变命运”的一年，大家纷纷为自己的学习和成长选择付费学习、付费咨询。像分答、得到、在行这样的产品迅速成长壮大起来，风口还远远没有消失，尽管所有的人都在说微信公众号的打开率越来越低了、自媒体越来越难赚钱了，但越来越多的传统企业却更加重视新媒体。

自媒体只不过是整个互联网产业的冰山一角，我看到，国家的政策也开始重视物联网、人工智能这样的新兴产业，就连传统的房地产，也越来越轻资产化。这意味着，时代仍在变革，为野心勃勃的你创造新的机会。

所以，我们既不用去羡慕摊煎饼大妈，把自己的知识贬得一钱不值，也不要太过高看自己的知识和学历。你也许比摊煎饼的大妈更懂她的商业模式，但能让你过得比大妈更好的，不是你的空想，而是你的执行力。

厉害，是攒出来的

现在，很多人有一种瞧不起“学霸”的倾向。仿佛一个人只要会读书，就是书呆子。我在帮助一些大学生做职业规划的过程中，接触了很多不同的人。在跟一千多位同学聊过以后，我发现，成绩不能决定一切，但有些时候成绩也是一种能力的证明。

有些成绩较差的同学更喜欢吹牛，不肯付诸行动；那些在大学四年里成绩较好的同学，不仅没有读成书呆子，反而都能在认准自己的职业方向后，迅速把想法落地，取得长足的发展。

总之，那些学习能力强的人，干其他事情也不会差。

就拿我非常熟的一位学霸来举例子，他不仅在学习上独领风骚，干起其他事情来，也是一骑绝尘，优秀得让人“嫉妒”。

比如他参加结构设计大赛，一不小心就拿了一等奖；他当班长，带领整个班拿下了全校的优秀团支部；他大二就去了顶级的地产设计院实习，在做到这些的同时，他的成绩还远远领先于其他人。

当然，他为这些事付出的努力，也是很多人看不见的。在参加设计大赛之前，为了验算模型，他和其他组员曾经连续几个通宵熬夜，就是为了再把结构各方面的性能提高一点点。

也就是说，优秀的人，其实从很早开始就很优秀了！

我有一位很牛的朋友，最近写了一本书，叫《厉害，是攒出来的》，对于这本书的标题，我深以为然。

很多能力，比如说沟通力、团队协作能力，说起来每个人都应该重视，但你只要不让这些能力成为你的短板就行了。因为这些能力只要培养一段时间，基本上谁都能达到平均水平。一个人沟通能力可能不是那么好，但多沟通几次，双方总能达成相互理解。

但是一个人的思维方式和学习能力，却很难在短时间内培养起来。你鼓励一个害羞的人大胆发言，几天内就能提升她的沟通力，但你不管怎么教，都不能让一个看不懂数据、不愿意动脑的人，几天内就成为写策划案的高手。

我曾经看到过这样一个观点，觉得还挺有道理的：你的能力，约等于你身边最常交往的三个朋友的平均值。

这句话的意思是说，你在什么圈子里，大概率就会成为什么样的人；在一个相对优秀的群体里，你成为优秀的人的概率也会更高。

在学校里，“学霸”总是抱团存在的，甚至连保研都是一起的；成为社团干部的人，基本会有一个小团体，他们在找工作时，往往都能拿到更好的录用通知；从优秀企业出来的人，也往往能在普通企业里得到较高的认可。

一些985高校从不断电、断网，在凌晨依旧可以看到很多同学在熬夜做方案或者讨论怎么做活动，学习氛围非常浓厚。

而另一些学校，每到晚上，寝室里的同学就开始组队打游戏，很多时候甚至会为游戏熬夜到凌晨两三点。大家讨论最多的话题，就是游戏技巧。那些积极组织和参加学校活动的人，那些认真学习的人，反而会被视为异类。

正因为如此，“学霸”和“学渣”之间逐渐产生了越来越大的差距。就拿常用的办公软件Excel（电子表格）来说，我发现，很多985或者211高校的学生都会使用一些比较初级的函数运算，而有些学校的同学甚至连加减乘除都不会用。

在一个好的环境中，因为学校的严格要求，也因为周围同学的影响，很多人产生了紧迫感，更有可能选择自律的生活方式。

有的朋友会问：我不是名牌大学毕业的，那么我就没有机会了吗？当然并非如此。

如果你不是名牌大学出身，那么也可以在进入职场之后，尽可能地和优秀的人待在一起，你会感受到他们散发出的正能量，还能学到很多他们的宝贵经验，也就提升自己。

对于那些努力的人来说，向上的通道从来没有关闭过。在我身边，普通高校甚至专科毕业的朋友，逆袭走向人生巅峰的也不在少数。

我的一位大表姐，虽然是专科毕业，但是硬生生依靠自己的努力，从工厂转行，去做了互联网商务，月薪也从两千提升到了四万，让我佩服不已。最近听说她已经辞职，开了自己的广告公司，而月收入也突破了二十万元，把同龄人远远抛在了身后。

我在互联网运营培训班里还认识了一个学弟，他可能代表了所有坚持通过学习改变命运的普通人。他叫文体，中专毕业，当初比我晚一个月转行互联网，在转行不到一年的时间里，月薪已经突破了一万元。所以，即使你不是名校毕业，只要努力学习，依旧有大把的机会在等着你。

要坚信，人一定可以通过学习改变命运。

此外，即使你不是名校毕业的，还是要和优秀的人在一起，因为优秀的人之间，能够通过互换资源抱团成长。

比如摩拜的创始人胡玮炜，如果她没有背后强大的人脉资源，整个公司是不可能做起来的。中国做共享单车的人很多，但摩拜却是最幸运的。摩拜几乎从业内所有知名的投资方那里都拿到了起步基金，这就是人脉的力量。

如果把人的认知比作一个雷达图，那么在雷达能够触及的圈子中，图1代表A的资源，图2代表B的资源，当两者的圈子融合之后，如图3所示，他们的资源边界都扩大了。

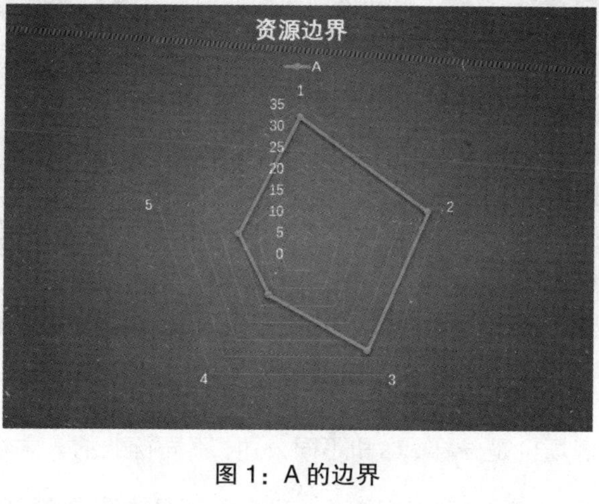

图 1：A 的边界

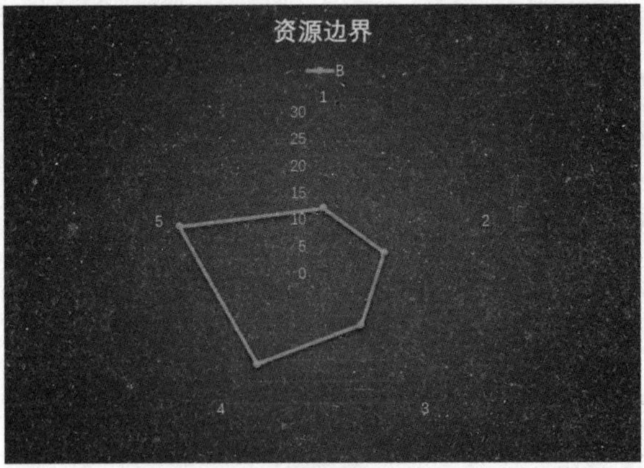

图2：B的边界

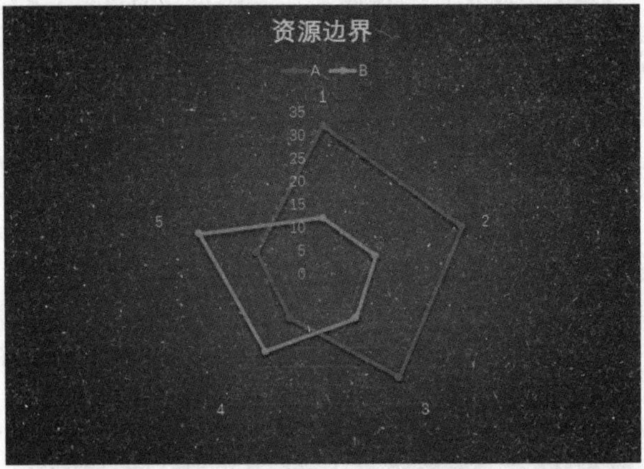

图3：A和B抱团之后的边界

在职场也是一样，你和不同公司、不同行业的人才在一起，如果彼此之间相互抱团取暖，那么不管是未来你想创业还是跳槽，都能从他们那里获取有用的信息甚至直接的机会。

最后，需要强调一下，我对名牌大学的毕业生有好印象，不是看重他们的学历，而是看重学历背后的那些学习能力。

也就是说，不管你是不是名牌大学毕业，只要你愿意动脑，有强大的学习能力，就能得到迅速的成长。

我发现，很多同一时间进公司的人，起步虽然相同，成长速度却差距很大。

有人会说，这种差距是勤奋程度造成的。这种说法的确有道理，但也有一部分人迟迟得不到成长的原因是：他们看似很努力，实际一直在重复劳动，只是一个勤奋的低效执行者。

这一类人往往会按照领导要求，机械地把事情完成，但他们在工作中欠缺自己的思考，不去思考如何把工作做得更好。他们的勤奋只是在欺骗自己。

很多人工作几年过后，会有这样一种感觉：不管怎么样努力，自己的进步都很慢，职位没有提升，收入也上不去，也许就是因为这样的原因。

这其实是一种特别危险的状态，你没有进步，但是别人在进步，也许有一天，你犯了一个错误，就会被别人“踩”下去。

而那些在工作中成长很快的人，往往都有一个共同的特质：他们除了做好自己的本职工作之外，还会花时间反思和总结，不断更新自己的工作方式。这些人投入的时间可能和别人一样，但产出比却更高。

就拿运营工作来说吧，很多人把大量时间花在探索渠道和制作内容上面，企图通过局部的调整取得一鸣惊人的成绩，但实际上这是一种本末倒置的做法。

对于运营来说，更重要的是先找准产品的目标用户，然后通过用户和数据反馈去不断测试渠道和内容，最后才是调整和验证，找到最优的解决方案。

把低效执行的时间多花在复盘、学习和优化上，才是职场成长的正确姿势。

学习金字塔

未来的职场，不会再有稳定的工作，只有稳定的能力。愿意提升自己思维方式的人，永远都不会失业。

例如前百度副总裁——“李叫兽”，现在很多企业和互联网在线教育平台都会聘请他去讲营销课，讲思维认知升级课，只因为他已经成了营销理论方面的专家。

类似的人还有很多。比如专门帮人打造百万爆款课程、唯库的创始人阿何，前奥美广告人、《爆款文案》图书和课程的作者关键明，社群裂变的顶尖高手、专做刷屏级案例的魏鉴峰……

我见过很多月入数万、数十万的自由职业者，他们没有一份稳定的工作，却拥有一份稳定的学习能力。这种能力能够让他们迅速适应新的岗位，也能让他们游刃有余地从事自由职业。

最后，想给所有看到这篇文章的读者三个小建议：

第一，如果你是专科学校毕业的，或者现在在小公司工作，一定不要自甘堕落，而是要努力积累自身的知识，一步一步跳到更大的平台，铺垫自己的职场之路。

第二，一定要和优秀的人在一起，这能让你自身成长更快速。

第三，永远保持谦虚的态度，不要因为一时的成绩沾沾自喜。这个世界厉害的人很多，只有谦卑才能让我们积累实力，持续进步。

实现你的目标，并把它当成新的开始

读到这里的朋友，应该都很清楚，我觉得从建筑行业转行到互联网，这件事是成功的。但我想告诉大家的是，每一次实现目标不是终点，而是新的开始。

互联网是个需要不断自我进化，需要终身学习的行业，知识更新迭代的周期太快，作为从业者只有不停学习才能跟上时代的发展速度。一次活动的结束不是终结，活动带给你的丰富经验，能够让你把下次活动做得更好。

一开始我是通过运营课程，学到这个行业的一些基本规律的。不过，基本规律往往都比较抽象，我通过自己复盘，在经验中学到了更多的东西。

现在，每次运营活动结束之后，不管是一次成功或失败的活动，我都会进行一次全流程的复盘。这样做的好处有三点：

首先，可以发现和复盘活动流程中存在的问题，以免下次做同类型的活动时再犯同样的错误。

其次，复盘可以帮我们总结活动中做得比较好的点，看看下次能否再进一步优化，让活动效果更好。

最后，对运营自己来说，执行对能力的提升是非常有限的，而复盘却能让你在短时间内功力大进。复盘过程中，我们会深度去思考各个环节的目的、原因及结果，这样下次做活动才能有的放矢，不做无用功。

在本节中，我想跟你具体分享一个完整的活动，是如何策划，如何落地执行的，希望对想要通过复盘得到成长的人来说，能起到一定的借鉴作用。

我曾经在一家民宿应用担任运营。当时公司还没有多少用户，我天真地认为可以单纯地依靠一场营销活动，促进订单增长，吸引更多流量。

事前，我们做了周密的策划，认为活动的创意、策划和设计都没有问题，甚至我们还大胆地投入了一些广告费，去宣传这场活动。

但是，当我们动手开始做之后，发现一切都和我们想的不一样。

具体来说，我们设计的是一个裂变传播的活动，当一位用户进入应用，打开活动页面，就可以看到“九元住民宿”的优惠活动。这位用户必须邀请到三位好友为自己助力，来获得秒杀抢购的资格。

这个活动看似非常简单，策划上也没有什么问题，但是，在活动的执行过程中，我们却发现自己犯了很多低级错误。

首先，在用户A邀请用户B之后，尽管用户B可以输入手机号码为A助力，但用户B自己却不能直接参与这个活动，必须要先下载我们的应用才能实现。整个过程给B带来的用户体验极其不愉快，导致我们损失了很多潜在的用户。

其次，活动仅仅能在应用内部进行，也就是说参加活动的人，原本就是应用的用户，但我们的用户基数很少，要通过少量用户就引爆一个活动，单单从数量级的角度考虑，也实在是太难了，几乎不可能。

后来我才知道，《增长黑客》里有这样一个公式：

$$Custs(t) = Custs(0) * \frac{K^{(t/ct+1)} - 1}{K - 1}$$

t = time
ct = cycle time

Custs代表了用户，K是病毒系数，t是时间，ct是周期时间，Custs（0）、Custs（t）分别指初始的用户数和时间t的用户数，病毒系数K指的是一个用户能够带来其他用户的平均数，我们看到，只有当K大于1时，才能形成病毒传播效应，一个活动才能传播。

一个活动的系数K当然是越大越好，这取决于活动的创意本身是否有效，是否给用户提供了足够的利益驱动或者心理满足。

但是基础用户决定了整个活动的传播量级，也决定了活动最终能够撬动的人数，要知道，从一万用户裂变增长到十万用户，和从一百个用户裂变增长到一千个用户，虽然同样是增长九倍，但是量级却是完全不一样的，这就是用户基数对运营势能的放大作用。

当你能影响一千个人的时候，你仍旧非常渺小；但当你能影响十万人的时候，你可以改变很多事情。

最后，由于技术问题，我们的支付流程也出现了故障，甚至最终还出现了抢购页面无法支付的情况。

更让我们难过的是，一个月后，竞品应用用同样的套路大获成功，因为他们本身就有数百万量级的用户。

由于这次活动的失败，我开始去研究如何控制好一个活动在不同阶段的产品发挥的作用，开始去考虑是否需要做促销和做活动。

就像当初的我一样，业内有太多运营为了做活动而做活动，而没有去理解活动的目的，实际上这才是最关键的。

现在，作为一个活动运营，开始动手写方案之前，我会问自己一个问题：这场活动的目的是什么？为什么需要做这样一次活动？为了实现这个目的，我们要投入多少资源，能够带来什么效果？

很多失败的活动，都有一个共同的毛病，就是在刚开始定位的时候，就没有明确活动目的。这次活动的目的，到底是新增用户，增强用户活力，还是回馈老用户、提升忠诚度，提升知名度？

很多当运营的朋友，做活动的时候太贪心，想要达到的目的太多，导致整个活动流程复杂无比，但这也提高了活动的准入门槛，用户根本没有那么多耐心去理解一个复杂的活动，活动失败的概率就会变得很高。

所以，不管是什么样的方案，执行完了之后不代表一切都结束了。不管是成功还是失败，把结果当作新的起点，下次你才能做得更好。

举一个正面的例子。我们团队曾经策划过一场针对商家的线上分享活动，最终的目的就是为了提升我们的产品在商家社群中的知名度，吸引更多商家入驻我们平台。

我们的目的是无比清晰的，所以之后活动的各个环节，都是围绕这个单一的目的来策划和执行的。最终活动为公众号增加了三千多的粉丝，吸引了近百名新商家入驻，还接触到了几千户新商家，至少将品牌在商家社群的知名度提升了两倍。

我不是说这次活动有多么成功，但是起码算不上一场失败的活动。

那么，我们应该如何确定活动的目的呢？

对于任何企业来讲，活动的目的都是很实际的，公司会希望一场营销活动，能有形或者无形地提升产品带来的收入。

但作为运营，你要搞明白一个核心问题：对于目前这个阶段来说，最主要的痛点，是用户增长、商家增长还是直接提升收入？

只有切中了产品现阶段关键点的活动，才能够算作是一次有效的活动。

当明确一个活动的目的之后，下一步就是进行活动的创意策划了。

就拿我这次负责的活动来说，营销活动的形式有那么多，我却偏偏采用了商家线上分享经验的方式。这个方案的底层逻辑是：通过平台优秀商户案例的分享，刺激其他商户参加并分享活动，曝光给更多有意向入驻的商户和那些暂时还不知道我们的商户。

商户要参加我们这次活动，必须要邀请三个好友关注平台的微信公众号。

于是我们最终确定，这场活动的主题是："入住率超过百分之九十八，月入十万，爆款民宿是如何打造和运营的。"

确定了主题之后，我们才开始下一步：为活动的需求进行调研。

为什么要做需求调研？

我们之前分析过，商户面临的主要痛点是入住率和营业收入，如果平台拿出一个优秀案例出来分享，商户可能会产生极大的兴趣，迅速报名参加这次分享。

但这只是我们的设想而已，实际上我们在做完活动主题设计之后，并不清楚有多少商家会为此买单。

因此，我们有意识地选择了一部分商户，咨询他们是否对活动感兴趣，以及感兴趣的点有哪些。

需求调研环节，能够帮助我们有效降低活动失败的概率。

如果未经过调研和测试，一个活动上线之后，很有可能用户并不感兴趣，参加的人寥寥无几，那还不如早点终止这个活动。

否则，运营花了很多精力精心策划、技术人员通宵达旦地工作实现的活动，最后没有达到预期的效果，既浪费了时间，又浪费了财力物力。

在后来的调研中，我们问了很多商户的意见。通过和他们交谈，我们发现，很多商户对这场活动的确很有兴趣。这说明我们可以把这场活动继续推进。下一步就是进行活动方案的详细策划了。

详细策划，也就是执行方案。其中应该包含这样一些元素：

活动的启动时间和方式

活动的分工和排期（页面设计、程序开发等）

活动的流程

活动的宣发

活动的预算

对于小活动来说，不需要十分详细的执行方案。但对于大型活动来说，策划执行方案则是非常必要的。

执行方案，必须做到任何一个刚入门的运营“小白”，都可以按部就班地去执行，他的领导只需要帮他调整部分细节即可，所以执行方案需要做到尽量详细。

例如我们这次分享活动，就涉及这样几个方面，方案中必须把这些问题都考虑清楚，并落实执行人：

1.需求调研：选择部分商户一对一沟通，了解他们的痛点以及对活动的态度。

2.活动嘉宾及分享主题确认：当我们明确了要做这样一次活动的时候，就要确认和联系嘉宾了。

在这个过程中，我们会和嘉宾讲明这次分享活动的主题，然后共同确定分享的提纲。

为了邀请嘉宾参加，我们还会想办法和他们进行资源互换，实现互利共赢的目的。

3.后台操作和设置：我们计算了成本和效果的性价比，最终选择了线上的分享形式。

虽然不具备线下分享那么强的互动性和实景感染力，但线上分享有这样几个好处：

（1）活动场地不受限制：线上随时随地都可以直播。

（2）活动形式多样化：可以是图文、视频、音频等多种形式。

（3）活动成本低：不需要场地和物料的费用。

（4）更适合传播：线下活动的场地始终有人数限制，而我们这次活动是希望接触到越多商户越好，所以线上活动更适合这次分享。最终，我们选定了“荔枝微课”作为我们分享活动的平台。

选定直播平台之后，我们就要根据平台的属性去设置相关的页面。

4. 活动宣传文案及海报：线上活动的必备要素，宣传文案和海报，这些基础的物料都需要安排人去准备。

5. 活动排期：完成基础配置后，相应的活动执行排期就应该尽早做出来，例如分享的流程安排、活动何时启动、启动文案什么时候给到对方。虽说我们不应该进入细节黑洞，但活动整个流程的各个细节，都有可能影响用户体验，决定活动的成败。

6. 活动的相关预算及结果预估：活动需要多少预算、人员以及最终能够带来多少效果。有了这些预估，我们才能把这场活动的目标加以量化。

7. 活动失败的预备方案：每个运营可能都会面临这种情况，活动失败了怎么办？

针对这种情况，运营要有相应的预案，尽量避免失败带来的损失。

当活动启动之后，运营不可以袖手旁观，等着大功告成，而是应该想办法根据数据，随时对活动进行优化和调整。

比如说我们刚开始在做分享活动的时候，是在自己的两个商家社群里面启动的，在活动开始的两个小时之内，活动参与人数就达到了五百多人，当时我们很高兴，但是很快，参与人数开始逐渐呈现下滑趋势，如果我们听之任之，活动的目标就无法实现了。

我们迅速开会，分析了原因。大家认为，这说明活动的传播层级还不够，作为运营，要么将之前提到的病毒传播系数扩大，让活动足够有吸引力；要么就是让初始用户基数扩大，通过接触到更多的商家来让整个活动参与人数增长。

随后，我们马上在两方面都做了优化调整：

首先，扩大初始用户基数。我们在自身社群启动的情况下，又找了三位KOL（意见领袖）帮忙，在他们的商家圈子里宣传，进行了刷屏级的营销。当商家看到大家都在分享这场活动的时候，参加的概率就会更大。正如《乌合之众》这本书中所说：

当个人是一个孤立的个体时，他有着自己鲜明的个性化特征，而当这个人融入了群体后，他的所有个性都会被这个群体所淹没，他的思想立刻就会被群体的思想所取代。而当一个群体存在时，他就有着情绪化、无异议、低智商等特征。

其次，扩大病毒传播系数。我们在社群里宣布，邀请人数前三的商家，可以获得现金红包奖励，第一名还能获得平台为期一个月的置顶推广和宣传机会。这个机会对于商家来说，吸引力很大。

这个奖励一发出，原本已经完成任务的商户，开始疯狂地找人转发和分享。他们在朋友圈、社群扩散消息，甚至通过私信邀请朋友，我们果然又迎来了一轮新的增长爆发。

同时，为了调动更多人的积极性，我们运营团队每隔一小时就会在群里公布一次排名，但却不公布具体数据，不断为参与活动的商户制造焦虑情绪。

一旦排在前面的人发现自己的排名下降了，会马上去组织新一轮的刷屏。

最后，前三名的商户均邀请到了三百多人为自己扫码，第一名更是邀请了七百多位商户为自己助力。

整个活动的曝光量级是刚开始的三倍不止。

最终，每天自然入驻的商家增长了近五倍，而平台的知名度也增加了不少。

最终，这场活动只用了八百元钱的经费，就实现了这样的效果，这是我们一开始也没有料到的。

此外，除了给自己执行的活动复盘，从而在下次活动中更好地利用自己的经验之外，也要多多模仿学习别人的活动，特别是刷屏级案例，看看别人的思路是什么样子的，这样在下次复盘的时候，能够帮助自己快速思考和总结，以便把别人的经验用到自己的工作中来。

在职场中，成功和失败都是常事。重要的是，不管是成功还是失败，你都要去复盘，从过往的经历和别人的经历中学到更多。做成一次活动，只是实现了阶段性目标，复盘，能让一个人在此基础上得到更多成长。把每一个阶段当作新的起点，你才能永远走到别人前面。

Part 7

稳赢法则：每一次爆发式成长，都是蓄谋已久的酝酿

你不必事事都做，但凡事要有结果

我的一位年轻朋友柏乐池，上大学时就光顾着打游戏，没有学习，也没有参加任何社会实践。

毕业那年，他听说很多人开淘宝店赚钱了，他觉得这是个机会，于是就借了两万元钱去开淘宝店，结果，由于不懂淘宝运营推广，也不会管理，做了一个月就放弃了。

后来，他发现微信公众号很赚钱，于是开始鼓捣微信公众号，专门从其他地方复制一些鸡汤文来推送，吸引了几百个僵尸粉，做了一个月，没多大进展，又放弃了。

后来，他又打听到做微商很赚钱，于是他加盟了某某微商化妆品平台，开始在朋友圈刷屏，很可惜的是，他做了一个月，被太多人举报，封号了，于是又放弃了。

再后来，他听说今日头条能赚钱，果断又注册了今日头条，一周后，还没熬过新手期，他就放弃了。

按理说，他应该是很努力的人了，可是为什么一直没能成事呢？

其实，这位柏乐池同学，只是看起来很努力而已。

在我看来，他的努力毫无方向感，仅仅是在掩盖内心的浮躁和焦虑。

又有多少年轻人，就像他一样，从来没有找到过自己人生的真正目标？

从我们出生开始，我们当中的很多人便背负了父辈望子成龙的梦想，于是十八岁前我们拼命读书、考大学，上了大学还不停地追赶同龄人的脚步，可惜的是我们总也成不了最优秀的那些“别人家的孩子”。

归根到底，很多人在匆匆前进的路上，背负的只是父母的梦想。其实他并不知道自己要做什么。

没有目标感的结果，就是心态上的浮躁。

回到文章开头的例子，如果柏乐池能投入百分之百的精力，去把淘宝的运营推广、淘宝店的管理学到手，我想他现在应该已经有了自己的生意。

我见过很多成功的人，也观察过很多失败的人，那些失败的人无一例外都很浮躁。这种浮躁表现在以下三个方面：

一、由于心急选错了行业，选错了公司，选错了人

我有一位同学，刚开始在车企上班，后来深感未来发展受限，于是跑出去跟着亲戚做工程，但总觉得发展还不够快，后面兜兜转转竟然做起了传销，再后来就销声匿迹了。

学习和努力的错误可以很好弥补，但是选择上的错误却很容易让一个人陷入严重的自我怀疑甚至自我否定中，如果不能走出来，也许这辈子都会与成功错过。

二、由于没想清楚，频繁跳槽不同岗位

我见过很多人，刚开始信誓旦旦要转行互联网，没过几个月就要进军人工智能。辞职之后，却又去做了行政、销售类的工作，工作一段时间过后，又觉得不合适。

于是又跳槽换行业，这个岗位试试，那个岗位试试，结果最后就陷入了严重的自我怀疑中。没有岗位上的沉淀，最终这些人很难向上发展。

三、容易自满，取得了阶段性成绩以后就停止学习，不再进步

有些人做出了一点成绩，以为自己掌握了经验和技能，在工作上就不再努力学习，甚至裹足不前，最后，他曾经掌握的技能和经验几年过后都过时了，这时候，再找一份满意

的工作都成问题。

浮躁，归根到底都是因为我们希望少付出，多回报，这显然是不可能的。

每个人的天赋不同、能力不同、格局不同，意味着每个人都要付出不同的努力才能达到同样的高度，把步子慢下来，先克服自己的浮躁，构建自身的知识体系才是我们要做的第一步。

中国有一个非常出名的焊接大师，叫高凤林，专门负责火箭焊接。至今他已经从事焊接事业三十五年，是国家级高级技师、全国劳动模范，著有论文三十多篇，他的收入更是跨过了年薪百万这个门槛。

再比如传授我运营知识的第一位老师，暖石网的创始人兼首席执行官张君，他也许不是乔布斯、马云那样的天才，但他曾经在多贝网从事一线互联网运营工作八年，一步一个脚印，在拒绝了八十万年薪的职位邀请之后，裸辞创办了互联网市场运营的在线教育平台——暖石网。如今，暖石网已经成了很多想要零基础转行互联网运营的年轻人的首选之一。

这两个例子说明，我们可能成为不了乔布斯，但是我们却有很大的机会成为某个领域的专家和人才。很多人并不是天赋异禀，他们不过是把自己的精力，专注在了一个垂直的领域。

想想看：用心做一件事情，把它做到极致，怎么都比用分散的精力去做好几件事情要来得划算。

所以，给自己定一个计划吧，用心做好自己专业领域的一件事情，才能够有精力去做领域之外的事情。

选择、努力、失望、焦虑……很多大学生这样走了过来，我也是其中之一。现在，我把自己的经验和观察分享给你们，希望你们可以少走弯路，早日成功。

你不必成为每个方向都精通的人才，但一旦选择某件事，就要坚持下去。最后，你的成长会让你自己都感到惊讶。

成功，就是将普通的事情做到极致

最近，有一个粉丝来找我诉苦。

他进入职场多年，却一直在底层摸爬滚打，奋斗五年，还拿着微薄的薪水，过着迷茫的生活，找不到人生的方向。

后来听他详细说起自己的经历，我终于知道了他一直在底层奋斗的原因：

他毕业后找不到工作，听别人说销售赚钱，于是就投身销售，做了不到两年，因为不喜欢，选择了辞职。

后来由于对工作产生了抵触情绪，想要混日子，就选择了进入一家公司做行政，因为每天做的都是重复的事情，他深感无法进步，于是待了两年又选择了辞职。

辞职后的他，浑浑噩噩又过了一段时间，同年毕业的同学早就已经升职加薪，而他依旧在底层摸爬滚打。

这样的人，我见过太多了。

在选择行业和岗位的时候，因为没有系统的规划，于是就病急乱投医，在一个行业，还没有真正扎根进去，就选择了放弃。

真正厉害的人，都是极其专注的

比尔·盖茨曾经被问到成功的秘诀，他只给出了一个词：“Focus（专注）。”

而乔布斯则说：专注和简单一直是我成功的秘诀。

实际上也的确如此。真正成功的人，都是极度专注的。

股神巴菲特和他的搭档芒格被奉为投资界的神话，他们联手缔造了全世界最大的投资公司伯克希尔，总资产超过五千亿美元，回报率则高达一万八千二百六十一倍。

他们曾经提出过一个非常重要的思维模型——能力圈模型。

巴菲特说：“投资人真正需要具备的，是对所选择的企业进行正确评估的能力，请特别注意要有所选择，你并不需要成为一个通晓每一家或者许多家公司的专家。你只需要能够评估在你能力圈范围之内的几家公司就足够了。能力圈范围的大小并不重要，重要的是你要很清楚自己的能力圈范围。”

巴菲特是如何画出自己的能力圈呢？

“在你能够真正了解的那些企业的名字周围，画一个圈，然后再衡量这些企业的价值高低、管理优劣、出现经营困难的风险大小，排除掉那些不合格的企业。”

对于能力圈以外的公司，无论别人怎么看好，巴菲特根本不理，哪怕错过再大的赚钱机会，也一点都不后悔，因为这些钱是他能力圈之外的，根本不该他赚。他说：“我错过了参与投资手机的好机会，因为手机行业在我的能力圈之外。”

但是对自己能力圈以内的公司，巴菲特会拼命努力研究分析。他说：“我会每次选择一个行业，逐步成为能够精通这个行业的专家。”

每个人都有自己的能力圈。专注在自己的能力圈做事情，才能得到最高的回报率。

我曾经也是一个极其不专注的人，看到哪个行业目前比较火热，就想我能不能从其中分一杯羹。一股脑下来，不但自己很苦很累，还一分钱都没赚到，反而赔了不少的钱。

后来仔细回想，我犯的错误如下：

（1）认为能力模型是可以通用的

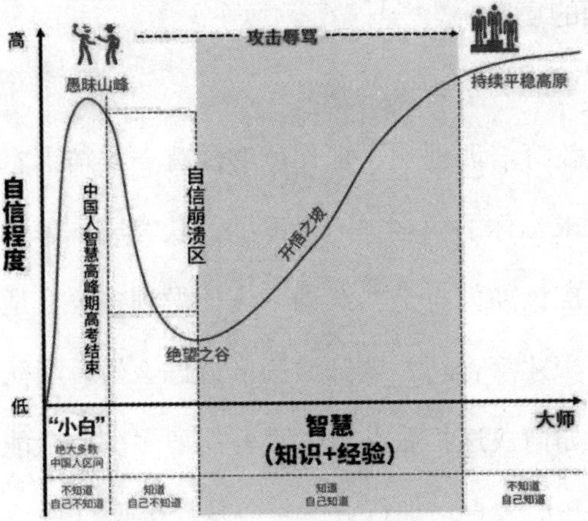

有很长一段时间，我都认为：自己对一个行业有深入了解，就可以快速复制到另一行业去。

这导致了我做的每一件事情都无法深入，也丧失了向高手学习的心态，注定不会有好的结果。

事实上，一个人对一个行业建立认知，起码需要非常深入的行业研究和用户研究，还需要对行业内的竞品做深入的分析，对这个行业中容易遇到的问题有大概的了解，这才算是对一个行业真正有了认知。

很显然，大部分人很难单纯通过知识迁移，具备这样的能力。

任何事情，都是表面看起来很简单，等你真正接手的时候，才知道里面的复杂。

举个简单的例子：

你想做教育培训创业，那你能够做哪一类培训？场地、资质有什么要求？你的获客渠道是哪些，获客成本怎么控制？你的课程体系应该如何打造？续课率应该做到多少合适？回访满意度做到多少才算合适？老师激励应该怎么做？团队搭建需要哪些要素？如何快速扩张并且发展？需要多少资金能够做成这件事情？你知道教育培训行业的趋势是什么吗？

如果连这些最基本的事情都没有弄明白，也不要怪自己创业为什么总是失败了。

（2）浅尝辄止，没有深耕一个行业

我们表面上能够看到关于一个行业的信息，最多只有10%。

比如很多人看到餐饮老板比较赚钱，一年一百多万利润轻轻松松，但是他们不知道的是：80%的餐饮老板都在亏损，而且有的老板会进行战略性亏损——刚开始一段时间不赚钱，后面慢慢赚钱。

但很多人只是眼红别人挣钱，就带着少量资金，完全没经验地杀进这个领域，结果很多人坚持不到半年就关店倒闭。

事实上，真正做好餐饮的人，几乎都是在这个行业深耕多年的，对于餐饮的各个环节都有比较深入的了解。

如果你看到一个机会，只是想进去趁机捞一笔，那我劝你还是放弃吧，这种三分钟热度的浅尝辄止，很难做成任何事情。

想要做成某件事，就要尊重自己的能力圈，不要在能力圈之外行事。

具体说来，有如下几种方法，可以让自己更有深度地努力：

（1）找到一个自己真正愿意持续投入的领域

浅尝辄止是专注最大的敌人，宁愿多花一些时间来了解自己、了解行业、了解岗位，也要做好清晰的战略规划，这样能让你一生受益。

（2）持续投入并复盘，收集正向反馈

当我们在某一件事情上付出很多，但是又见不到明显效果的时候，很容易陷入一种自我否定的情绪当中，认为自己没用，甚至认为自己选错了方向，进而产生放弃的心理。

事实上，在职业发展中，遇到瓶颈期和倦怠期是一件很正常的事情。

你需要做的事情就是对问题进行复盘，从而找到真正的症结所在：到底是选择方向真的不对，还是说自己的方法不对？

然后按照遇到的问题对自己的知识进行修正，不断地收集这样的正向反馈，不断通过复盘修正自己的做法，你慢慢就会发现：原来自己在不知不觉之间，就已经超过大多数人了。

（3）保持阅读并提升眼界

在互联网行业，有一个词叫作“降维打击”。

“降维打击”最早出现在科幻作家刘慈欣的《三体》中，说的是高维空间有一种先进的武器叫二向箔，这种武器能直接把三维空间“压扁”，变成二维空间，从而摧毁三维空间内所有的一切。也就是说，高维度的思维，其实能够对低维度的思维造成颠覆式破坏。

移动互联网的发展，其实就是对传统媒体（广播、电视、报纸、杂志等）的降维打击，大家有新的工具——手机，就能够获取各种信息和内容，从而对电视、报纸、杂志的依赖越来越小。

这样的例子还有很多。比如大润发不是被对手打败，而是被阿里收购；滴滴以为赢了优步和快的就赢了天下，结果美团和高德突然就杀入了打车这个市场。

所以，如果你不提升眼界，固守原有的认知，就很有可能造成狭隘和偏执，最后被来自更高维行业的人挤压，失去原有的优势。

不断阅读，提升眼界，提高自身的思维高度，才能够一直保持自己的竞争力。

最后，送大家一句话吧：

成功，就是将普通的事情做到极致。

在自己会赢的赛道上坚持下去

现在，很多人对于“奋斗”这个词，似乎越来越陌生，甚至有些人觉得，下班后不回家，在公司加班，是一种生活凄惨的表现。从大家的这种感受出发，还产生了一个网络热帖，题目是《凌晨三点不回家：成年人的世界是你想不到的心酸》。

但我从来不认为凌晨三点不回家是一种心酸，反而我觉得这是一种对年轻的致敬。

当别人下班后在酒吧KTV尽情狂欢的时候，你在加班工作；当别人周末到处去旅游的时候，你在家看书学习；当别人和喜欢的人卿卿我我的时候，你在和小伙伴讨论创业……

从短期来看，你就是个“缺心眼儿”，放着大好的时光不去享受，反而选择最痛苦的生活方式。

但是，几年过后，你会发现：努力学习，拼命工作，才是你追求诗和远方的基础。成长的过程，从来都不是容易的。

马云曾在一次演讲中说过："阿里其实是不鼓励加班的，但是员工愿意自己加班。没有阿里员工加班到凌晨的努力，就不会有今天的阿里巴巴。"

一个如此成功的企业尚且如此，又何况是很多初创公司呢？现在的市场环境竞争如此激烈，很多公司业务尚处于发展期，你不努力，你的对手会比你更努力。

但凡业务良好、发展迅猛的公司，就没有不加班、工作压力不大的。小到创业公司，大到腾讯、阿里这样的巨头，都是如此。

能在商业红海中生存下来的公司，必须很努力、很拼命。能够在这样的公司做事情，其实是一种幸运，也是个人成长最快的方式之一。

21世纪是个很残酷的时代，人才过剩、机会减少，在你周围，跟你同样学历、同样出身甚至比你厉害的人肯定不在少数。最可怕的事情就是，他们比你还要努力。

有人可能会说："我不加班，但是我下班后可以做自己的事情，学习、做副业都是可以的啊。"

然而现实是：人往往会低估自己的能力，却高估了自己的毅力。

你信誓旦旦地说晚上回去要学习，但是刚到家，感觉上了一天班好累，于是安慰自己："没事，先休息一会儿再学习。"

于是躺在沙发，打开手机刷抖音，结果一晃时间就过去了两个小时。

等自己好不容易准备开始学习了，结果刚看了几眼书就开始犯困……然后明天又继续重复同样的生活。

你有没有想过，当你抵触加班的时候，本质上是为了寻求安逸。而学习本身并不是一件安逸的事情，所以人在本能的驱使下，大多会选择逃避。

再加上现在的互联网信息简直可以用黑洞来形容，当你一不小心点进去一个感兴趣的页面，可能里面就有能不断吸引你注意的内容。你明明告诉自己，再看一条推送就关掉，结果却看了半个小时以上。

与其如此，不如对自己狠一点。现在很多公司都是允许在加班的时候学习的，如果你并不是毅力特别坚定的人，能在公司做的事情，尽量不要回家做。

你我都希望世界上有这样一份工作：既不用努力加班，还能获得很多。可惜的是，这样的工作并不存在。

也许有的人会说：自由职业多好啊，可以随心所欲地安排自己的时间，也用不着上下班通勤了。可是你知道吗，很多做自由职业的人其实比职场更辛苦、更焦虑。在职场，你起码可以规划自己的升职路径，拿着一份稳定的工资，不用担心吃了上顿没有下顿。

而做自由职业的人，很多人以为他们的空闲时间一定非常多，收入非常高，其实不然。我的好友里面，就有很多自由职业者，事实上他们比很多职场人更自律、更努力。

我认识几位做互联网营销的大神，他们不仅每天都会定时发朋友圈，而且还会坚持每天在社群里面学习和讨论新的知识，节假日也基本不休息，很多时候工作时间都远远超出了八个小时。

所以其实所谓的“自由职业”，也只是相对而已。只有在绝对自律的基础上，才有相对的自由。

我在加入互联网公司之前，其实一直主张的都是：能够尽早完成的工作，尽量尽早完成。学习时间管理，提高工作效率，就能够把事情做得又快又好。

比如同样一篇文章，也许我写了八个小时，能够做到八十分；但是我还可以再花两个小时的时间修改优化，最终把它做到九十分。

那么，你是愿意随随便便做到八十分的水平，还是尽自己努力做到九十分呢？

正如有一句话是这样说的：上班的八小时决定了你的现在，而下班后决定了你的未来。

这个故事告诉我们：做好目标设定、计划和预算是执行的基础，做好时间管理是提升执行效率的保障。

那么，要怎样才能做好时间管理，安排好自己的精力呢？我想和大家分享如下的一些方法：

（一）建立合理的工作时间分区

因为工作原因，我在各个平台都留下了自己的微信，所以每天都有很多人加我，来咨询职业发展相关的问题。

他们大多有着不同的生活习惯，有的喜欢早上加我，有的习惯深夜加我，之前我的处理方式是这样的：不管什么时候加我，都第一时间通过，然后和这个同学聊一下。

后来我发现，随着加我的人变多，我的时间变得越来越割裂，我也越来越难以集中于自己的工作。甚至有时候原本计划要好好工作的时间，全部都用来处理同学的咨询问题了。

所以最近我做出改变，为自己设立了工作时间的分区，有意识地在一些固定的时间进行回复。

比如上下班的路上、晚上休息之前，这样划分之后，我立刻感受到自己的生活更有条理了。我甚至还找到了一些空余时间，能够让我每天读两个小时的书。这样一来，我在工作和生活之间找到了平衡，工作也有条理多了。

（二）为自己设定一个深度工作的环境

我从高中就意识到了环境的重要性：同一个学生，如果把他放在一个学习氛围好的班级里，他的进步明显要快很多。

工作也是如此。

如果我们在一个干扰因素非常多的环境里工作，基本上会处于一种浮躁的工作状态。看起来人也很忙，但实际上却没有完成什么工作。

特别是在办公室边闲聊边工作的时候，看似氛围很好，大家都很放得开，甚至能聊出一些未来的计划，但实际获得的成果，远远比不上一场正式的头脑风暴。

所以，如果你想要一个真正高效的工作状态，记得为自己设立一个深度工作的环境。

比如一间独立的书房、一个独立的办公室等，如果没有办法做到独立的空间，也可以通过对外的隔绝建立一个相对独立的工作环境。

也有一些专门播放自然声的手机应用，里面就提供了很多声音场景可以供你选择，当你打开后，就可以选择各种场景，比如雷雨、图书馆、海洋、森林等。

科学研究表明：这种自然声下，人们反而有更强的专注力。

只要戴上耳机，你就可以专注地进入一个深度工作的状态，快速高效地完成自己的工作。

（三）每天为第二天的工作做好准备

不得不承认，我自己每天工作的时间，起码有一半被各种事情浪费掉了。甚至有时候因为这些事情，而不得不加班。

很大一部分原因，是没有为第二天的工作做好准备。

充分的准备总是能够避免很多“坑”的。

举个例子。我大学的时候要参加一次比赛，在比赛之前，团队成员花了很多时间在一起磨合和研究，提前演练比赛进程中可能会发生的情况。

在比赛当天，我们发现比赛的项目竟然跟自己实操过的一个项目非常接近，在团队成员通力合作之下，我们没有花费太多精力就拿到了冠军。

反观最后几名的参赛队伍，在开场之前他们甚至连规则都不清楚，整个过程都手忙脚乱，光是因为团队磨合，就浪费了不少的时间。

可见提前准备有多么重要。

关于提前准备和执行，有一个著名的理论叫作PDCA循环，大致意思就是计划（plan）、执行（do）、检查（check）、处理（act），其实仔细想一想，我们平时工作，的确也就是在这几个关键动作中兜兜转转。

做好这几点，除了节省时间之外，还能够保证工作的质量，从而提高工作效率。所以，所谓时间管理，并不是要无限制地节约时间，而是把时间用在刀刃上，用正确的方式做正确的事。

想在一个点上突破，就要在一个面上积累

你有没有过这种感觉：每当自己学习一个新知识，或者接触一个新领域的时候，总是会觉得自己进步很快，甚至每天都能感觉到进步。

比如刚入职场的时候，一年时间就能够掌握别人好几年的经验和知识，每天都感觉自己在进步，充满激情。

但是一段时间过后，即使依旧保持学习的习惯，你也会慢慢发现：自己的进步越来越慢了，自己的知识似乎也很难再更新了。

这是为什么呢？

其实，这跟“边际递减”效应有关。

“边际递减”效应是指：在其他条件不变的情况下，如果

将某一种要素连续等量地增加，增加到一定程度后，产品的增量就会下降，即可变要素的边际产量会递减。

用数学语言表达：x是自变量，y是因变量，y随x的变化而变化，随着x值的增加，y的增加量在不断减少。

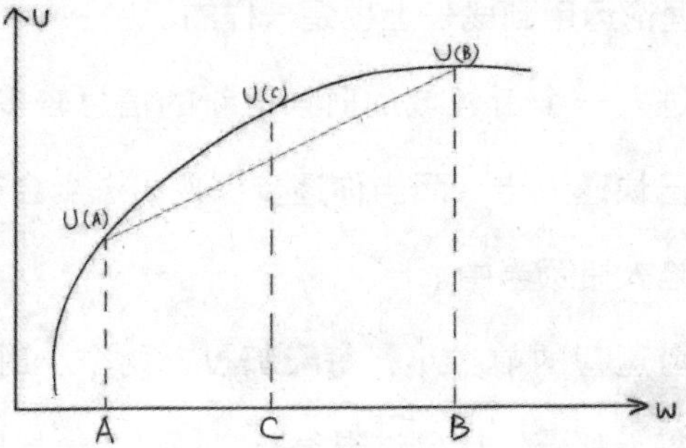

通俗一点说就是：刚开始的时候，收益值很高，越到后来，收益值就越少。

这本来是经济学上的一个现象，但同样可以用来解释其他领域的事情。

比如谈恋爱，初恋的时候，印象往往最深刻，谈第二个对象的时候，印象就没有第一个那么深刻了，依此类推。

在这里，感情的效应值，随着谈恋爱次数的增加而在减少，这就是为什么人们对初恋那么难忘。因为第一次恋爱，感情值是最高的。

再比如人们现在的注意力越来越稀缺，就是因为信息获取越来越容易了，第一次我们可能会出于猎奇心理点开某个视频，但当同样主题的视频出现在网络上的时候，我们很可能就没有欲望再看一遍了。

把这个理论运用到成长上也是一样的。

我们刚进入一个新领域的时候，新的信息较多，所以你会感觉到自己快速进步；而当你逐步深入，进步会越来越慢，甚至会逐步陷入瓶颈当中。

我在学习运营的前半年，每天都投入两个小时的时间听课、思考，每天都感觉自己过得很充实；过了一段时间之后，我发现无论我怎样学习、实践，都收效甚微。

后来我才知道，这是一个客观规律。

做一件事情，从零做到六十分也许只需要十天时间，但是要从六十分做到九十分，就需要大量时间，可能会长达一年甚至数年，你会感觉到技能上很难进步，你需要学习各种技巧和方法，甚至需要跨界学习一些美术、设计的理论知识，而这个过程是漫长且痛苦的。

当感觉不到进步的时候，大多数人就会选择停止继续努力，从而一直在某个能力区间内晃荡。

这也就是为什么，一些人在职场工作几年后，就从一个爱拼爱奋斗的小年轻变成了职场老油条。毕竟，与其在痛苦的瓶颈期徘徊，不如在自己的舒适区游荡，既自在又舒服。

就拿写作来举例子吧。

有人认为，写作是一个人的天赋，是无法进行后天锻炼的，所以写不好文章是天赋使然。

也有人认为，写作无非就是持之以恒的过程，坚持下来，就可以成为高水平的作家。

事实上，这两种观点都是比较偏颇的：一个真正优秀的作家，一定是在大量练习的基础上，苦心孤诣地钻研，最后才能把自己的独特见解与个人性格融会贯通到写作当中。

我认识的优秀作者，他们都是这样做的：

（一）积累大量的知识

字词句是一篇文章构成的基础，如果连基础都有问题，更遑论写出一篇好文章了。优秀的作者，都会积累大量的基础知识，这种积累方式包括：建立自己的素材库，收集各种优秀的词语和句子。

（二）进行大量的拆解练习

人的学习都是从模仿开始的，那些厉害的作者也是一样。

刚开始不会写作的时候，就大量阅读其他人的文章，并且对文章的主旨、结构、遣词造句等方面进行拆解，然后一段一段地模仿，到了一定的水平之后，才逐渐在原有的基础之上形成自己的风格。

（三）不断地收集反馈信息

优秀的作者其实都很注重和读者之间的互动，因为只有在别人的评价中，他才能意识到自己有哪些不足之处，才能不断地改进，提升自身的水平。

写作可以通过刻意练习来进行提升，其他的技能也是一样。

比如你要学习写文案，可以先概览文案的理论知识，然后再进行大量的文案拆解练习，最后形成自己的文案风格并根据市场反馈不断调整。

你要学习编程，可以先熟悉程序语言的理论基础，然后一个一个项目进行练习，然后进行项目组合练习，最终你能通过程序运行的反馈来不断地调整优化，从而取得进步。

要注意的是，一个人想要在职场取得持续的进步，不是每天做项目就可以了。

大量重复的工作只能让你成为这个技能的熟手，比如银行柜员点钞技术、富士康贴膜工人的贴膜技术，从本质上来说，没有任何区别，都是大量单一动作的不断重复。

即使技术再高超，也不能让他们成为金融专家、技术专家。

熟手使用技术，而专家可以重新定义技术，其本质的区别还是在于思维模式的不同。

一个优秀的写手，可以很轻松写出好文章，但却不一定是一个优秀的作家。

大家都知道，只有真正经历过生活的作家，才能体会到情感的幽深曲折之处，才能让很多细节变得丰富饱满，这样的作品也才会更加动人。而按照要求生产稿件的写手，是很难写出这种作品的。

也就是说，优秀的写作技巧+独特的生活体验+广泛的阅读，才能真正造就一位作家。

其他领域也同样如此，比如一个优秀的营销专家，一定具备扎实的心理学知识、媒体知识、生活常识，否则很难做出触动人心的创意。

所以，如果你感受到在某个领域很难进步的时候，不妨停下来思考一下：自己是否在纵向已经很难取得进步了，是否应该停下来去拓展自己的横向思维？

比如你是做设计的，如果在技能上已经非常纯熟，是否可以去广泛阅读人文作品，拓展自己的知识维度，从而为自己的设计作品增加一些内涵呢？

你是做运营的，如果在运营技能上已经很难进步，是否可以横向了解产品、市场，从而能够借他山之石，拓宽自己的能力边界呢？

长久地保持进步和学习，或许很痛苦，但一定能让你看到更广阔的世界。

刻意练习，让你从优秀到卓越

2017年6月，我开始启动“小强职场说”这个项目，那时候的定位很单纯，只是想帮助身边的人获得成长。

一年之后，我的公众号有了一万多粉丝，也帮助了很多同学找到了更好的职业发展路径，甚至每个月还给我带来了几千上万的额外收入，这是我在一年前完全没有想到的。

当时跟我一起学习互联网运营的同学，每个人都开了一个公众号，但现在还在更新的寥寥无几，很多人做着做着就停更了。

好在我坚持下来了，在近一年的时间里，小强职场说都在以每周一篇的频率更新。即使是春节期间，我也会特意抽出时间来更新内容。

每篇内容我都会花八个小时以上的时间去打磨。

我的付出得到了回报：每次推文，都会有人来找我，希望能够转载我的内容。

这件事充分说明了一个道理：

要做一件事情很容易，但专注做好一件事情很难。特别是现在这个时代，工作和创业机会都很多，我们做的事情随时都可以更换。很多人耐不住寂寞，做事情浅尝辄止，还没等到希望的曙光来临，就转行了。

但你一定会发现一点：专注于某个细分领域的人，往往发展得更好。而那些今年去做一做行政、明年去搞一搞销售的人，往往都做得很差。

刚刚进入互联网领域的时候，我一度很焦虑。因为自己知道很多赚钱的方法，每一个都想尝试一下，于是那段时间我开始不断尝试，一会儿去试试淘宝客，一会儿又去做一做知识付费，结果是我一件事情都没有做好。

后来，我放弃了很多事情，开始把注意力只放在做好公众号这一件事上。

事实证明我选对了，虽然放弃了很多机会，但我得到了更多。

签约作者、个人品牌、外部合作……我获得了越来越多的机会，也认识了越来越多的“牛人”，比如《爆款文案》的作者关键明、“姑婆那些事”的创始人万佩，在无形之中就为自己铺了一条长远的路。

如今，我也不算多么有成就，但至少我还在前进的道路上，不断努力前行。

我能有这样的生活状态，就是因为我选定了一个发展方向之后，一直通过刻意练习，磨炼自己的能力。下面，就和大家分享一些我在刻意练习方面的心得体会。

美国心理学家安德斯·艾利克森在《刻意练习》一书中曾说，刻意练习是有目的的练习。

也就是说，没有目的的练习就不叫刻意练习。

在平时的生活中，我们重复地走路、说话、吃饭，人与之间并没有明显的差距。虽然我们每天重复同样的动作，但这并不能称为刻意练习。

相比较而言，演讲、跑步等练习，有清晰的评判标准，也有明确的练习目的。例如我们可以设定一个目标，要求自己把百米跑的时间控制在十一秒以内。这样有特定目的、有明确的成绩标准的练习，我们把它称为刻意练习。

刻意练习的好处是巨大的。通过刻意练习，我们可以训练和培养自己的直觉，这种直觉非常靠谱，用心理学家的话来说，这种直觉可以称之为“心理表征”。

“心理表征”是一种与我们大脑正在思考的某个物体、某个观点、某些信息或其他任何事物相对应的心理结构。这种心理结构可以是具体的，也可以是抽象的。

一个简单的例子是视觉形象。比如一提到蒙娜丽莎，很多人马上就会想起那幅著名的油画，那幅画就是蒙娜丽莎在他们脑海中的心理表征。

稍微复杂一些的例子是某个名词。如果你从来没有见过也没有听说过狗，那么“狗”这个单词对你来说没有实际意义，因为它在你的脑海中并不存在；而如果你见过狗，脑海中立马会出现一个四条腿、爱吃肉、活泼可爱的形象。

刻意练习就是要通过创建心理表征，完善你对事物的理解和记忆。

杰出人物和普通人的区别，就是他们经过年复一年的练习，已经改变了大脑中的神经回路，创建了高度专业化的心理表征。

刻意练习，能够把理性判断变成一种靠谱的直觉。

具体说来，创建心理表征有这样一些好处。

首先，有助于找出规律，预测未来。

在武侠小说家金庸的《天龙八部》中，描述过一个有意思的细节。武功高强的原丐帮帮主萧峰在逃出少林寺的时候，听到背后有人吸了一口气。萧峰马上意识到，这是有人准备使出劈空掌的功夫。萧峰是一个对战经验丰富的高手，所以他能见微知著，凭一丝声音就预判自己有可能遭到攻击。事实也证明果不其然。

类似这样的例子还有球场上的球员，仅凭“球感”，就能对球的方位产生精准的判断。这种所谓的直觉，都是大量的训练累积的结果。

其次，有助于解释信息。

心理表征有助于理解和解读信息。比如一篇专业的新闻或者论文，读者的阅读速度并不取决于文章篇幅的长短，而是要看读者在这个领域是否有大量的积累。

一篇专业的论文，可能必须要经过科普作者的“翻译”，普通人才能看得明白，但专家可能扫一眼文献摘要和开头几句话，就能立刻判断出这篇文章打算写什么，写得好不好。

最后，有助于组织信息，吸收和考虑更多的信息。

如果一个人耳朵痛和眼睛痛，一般的医生只会针对耳朵或眼睛单独治疗，而专科医生会想到两者之间的联系，找出问题的根源。

第四，有助于制订计划。

杰出人物运用心理表征来提高技能水平，监测并评估自己的技能水平，在必要时调整心理表征，使之更加有效。

第五，有助于高效学习。

在学习过程中，两个人成绩之间的差别，在很大程度上取决于他们能多敏锐地察觉自己所犯的错误，也就是说，他们对学习的心理表征多么有效。

技能与心理表征之间是一个良性循环，你的技能越娴熟，创建的心理表征越好；而心理表征越好，就越能有效地练习，反过来磨炼技能。

那么，如何进行刻意练习？

完整的刻意练习，如下图所示：

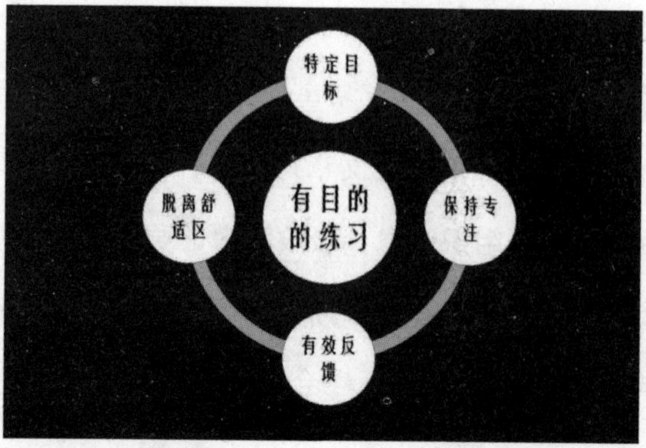

下面，我们把每个环节拆分，进行讲解。

首先，要有特定的练习目标。

例如你要练习写作，如果只是进行重复的、漫无目的的练习，并不能带来写作能力的提升。这个时候应该设定一个明确的、能够量化的目标，这样你才好评价效果究竟如何。比如我曾经给自己设定了一个目标，要在知乎写出一篇一千赞的回答，收藏数要超过两千。

带目标的练习往往会让自己进步更快，因为你能从自己的表现中得知自己在哪些方面还需要进步。

其次，要针对总体目标进行拆分。

通常我们会把一篇新媒体文章拆分为标题、字句、段落和文章的整体结构。当你在练习标题写作的时候，通过观察点击率就能自然而然地知道，哪一类标题打开率更高，然后再去分析，自己的标题存在什么样的问题，最终通过不断练习提高这一个专项的能力。这样的练习比自己闭门造车要高效得多。

第三，保持专注。

专注的重要性不言而喻，人的大脑很难多线程同时处理好各个事情。所以最高效的练习莫过于保持专注。

我上大学的时候，读的是工科，每一次期末考试复习，我都会抛开手机和游戏，把所有的精力专注在复习这件事情上，这样能够保证我在短时间内高效吸收。

很多时候我们做不好一件事情并不是因为自身能力不足，而是不够专注。现在每个人都离不开自己的手机，一会儿看看爆炸性新闻，一会儿微信上有朋友找你，你的学习过程特别容易受到打扰。最好的方法就是：做事情的时候，把手机放在一边，然后把精力全部投入到这件事中去。

第四，脱离舒适区。

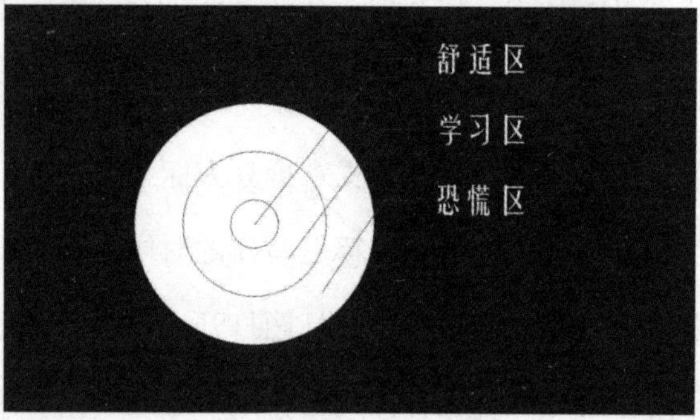

举个例子：我们平时的闲谈并不能使我们的演讲能力有效提升，因为完成这种交流并不需要费太大力气，对讲话内容的思考是在我们大脑的舒适区里完成的，在这个状态下，我们做事情是下意识的，并不是刻意练习。

练习演讲，需要重新练习发音、语气、手势等，这些都需要打破我们固有的说话方式，脱离舒适区才可以完成。

比如我们必须通过重复练习和反馈，纠正自己的错误，一遍一遍，直到我们的表达能力得到提升。在刻意练习里，这个区域被称为学习区。

那么，如何运用刻意练习的原则达到进步呢？

首先，要抛弃对天赋错误的认知。

在刻意练习原则被发现之前，人们常常会认为，某个人在一个领域表现突出，是因为天赋异禀。实际上，对大多数人来说，天赋跟练习的成绩并没有多大关系。有句话说得好：“以很多人的努力程度，还轮不到你拼天赋。”

任何人都可以进步，但需要正确的方法，如果你没有进步，并不是因为你缺少天赋，而是你没有用正确的方法练习。

在《刻意练习》所做的实验研究里，最杰出和优秀的区别并不在于天赋，同样的练习方法、同样的导师，体现出两者差别的是练习时间。

其次，打破自己的固有认知。

在生活中，你也许听别人说过这样的话：

你唱歌不好听，你不适合唱歌；女生的逻辑性差，学理科比较吃力；我文笔差，写不好文章……

就是因为这样的刻板印象，让很多人故步自封，觉得自己现在做不好，就永远做不好。实际上，只要经过长时间的刻意练习，你同样可以成为某个领域的大师。

第三，找一位好导师。

导师可以做的最重要的事情是帮你创建心理表征，以便你能监测和纠正你自己的表现。

好的导师，应当在行业或领域之中已经有所成就，并且带过一些人，已经有了一些技能和经验。

当然，在现在互联网普及的情况下，百分之九十的知识我们都能够在互联网上学到，可以说，即使没有相应的人带你，互联网也可以成为你的好导师。

第四，专注和投入很重要。

如果你在练习某项技能的时候走神了，或者很放松，甚至只为了好玩，你不可能会有进步。

专注和投入至关重要，因此，制订明确的目标，把练习课程的时间缩得更短，是更加迅速提升新技能水平的最佳方式。

第五，尝试跨越瓶颈。

当你练习到了一定程度的时候，可能很容易就会碰到瓶颈，不管你怎么努力，水平在短时间内都无法再提高。

对每一个处在停滞阶段的人来说，要越过这个阶段，最好的办法是以新的方式挑战你的大脑或身体，在不同类型的训练之间切换，以便可以持续不断地以不同方式挑战自己。

这个时候，你需要去细分到底是什么原因阻碍了自己进步。

在《金字塔原理》一书中，有这样一种思维模式叫作MECE（Mutually Exclusive collectively Exhaustive），中文意思是“相互独立，完全穷尽”。也就是对于一个重大的议题，能够做到不重叠、不遗漏的分类，而且能够借此有效把握问题的核心，并解决问题的方法。

找到问题的核心，然后再做针对性的练习，才能脱离瓶颈。

第六，保持长期的刻意练习。

高手之间的差距，除了练习方法，还有一个更为重要的因素——练习时间。

和“一万小时定律”告诉我们的道理类似，刻意练习依旧把练习时间作为一个最重要的因素来看待。

新年一开始的时候，很多人都制订了新年计划，想让自己的身材更好一些，或者想学习一门新的语言，因此，你开始行动起来了。

当你成功减肥十斤，或者能弹奏一首曲子时，那感觉真的很好。然而，过了一段时间，现实打击了你，你很难找到时间去锻炼或者练习了，或者遇到了平台期，在一段时间内没有明显的进步，因此你开始缺课，进而你没有想象中那样飞速进步。那不再是件有趣的事情了，你原本信誓旦旦想达到目标的决心开始衰退，到最后，你完全停了下来，不再重新开始了。

这种现象称为“新年决心效应”，这正是健身房在1月份时人满为患，到7月份时只剩一半人的原因。

想要摆脱“新年决心效应”，你可以采用以下的手段：

1.留出固定的时间来练习，不受其他事情的干扰；

2.充足的睡眠，以保证注意力的集中；

3.将练习的时间限制在 一小时左右；

4.增强继续前行的倾向。

如果你不再相信自己可以实现某个目标，要么是因为你的水平已经倒退了，要么是因为你陷入了瓶颈期，发展停滞了。

此时，千万不要半途而废，和你自己达成一个协议，尽自己的努力回归到之前的状态，或者熬过停滞阶段，相信自己能够做到，你一定会有所突破。

当你的才华还撑不起你的野心的时候，你就应该静下心来学习；当你的能力还驾驭不了你的目标时，就应该沉下心来历练自己。相信，刻意练习能够成就每一个想成功的你。